連邦陸軍電信隊の南北戦争

―ITが救ったアメリカの危機―

松田裕之

鳥影社

連邦陸軍電信隊の南北戦争

——ＩＴが救ったアメリカの危機——

目次

プロローグ
——統一連邦体制の崩壊——

すべての書かれたもののなかで、わたしが愛するのは、血で書かれたものだけだ。血をもって書け。そうすればあなたは、血が精神だということを経験するだろう。

——ニーチェ『ツァラトゥストラ』第一部「読むことと書くこと」

一般に、変革期や動乱期と呼ばれる時代に登場する技術とそれをあつかう人間が、はたしてどのように歴史にかかわり、その流れを変えていくのか――これが本書の主題である。舞台に選んだのは、南北戦争。アメリカ合衆国が戦場となった唯一の争乱である。六二万もの犠牲者をだした悲劇のなかで、情報通信技術〈Information Communication Technology〉が持った意味や果たした役割について、その活用に国家と自分自身の命運を託した人びとの視点からせまっていく。

以下は、学説でもなければ、論考でもない。人間の営みをめぐる物語（ストーリー）である。歴史（ヒストリー）とは誰かが誰かに語ることで初めて成り立つ。さすれば、その真理は臨場感にこそ宿るだろう。語り手（ナレーティヴ・ヒストリアン）として可能な限り活写することを心がけ、危機と対峙（たいじ）した人間が選択する行動に蔵（かく）された真実を浮き彫りにしたい。

一八六一年二月八日、統一連邦体制＝アメリカ合衆国〈United States of America：以下、USA〉を離脱したサウスカロライナ〔連邦離脱年月日　一八六〇年一二月二〇日〕、ミシシッピ〔一八六一年一月九日〕、フロリダ〔同年一月一〇日〕、アラバマ〔同年一月一一日〕、ジョージア

〈同年一月一九日〉、ルイジアナ〈同年一月二六日〉、テキサス〈同年二月一日〉が、アラバマ州モントゴメリーに参集、奴隷制の正当性と州権強化を謳った独自の憲法を発布し、アメリカ連合国〈Confederate States of America：以下、ＣＳＡ〉を樹立した。翌九日、ＣＳＡは首都をモントゴメリーに置き、ミシシッピ州の連邦上院議員ジェファーソン・デーヴィス〈Davis, Jefferson Finis〉を大統領に選出する。

三月四日に第一六代合衆国大統領となったエイブラハム・リンカーン〈Lincoln, Abraham：図版1〉は、当初、ＣＳＡに対して懐柔の姿勢で臨んだ。まず、大統領就任以前より国務長官に予定していたウィリアム・スワード〈Seward, William Henry：図版2〉をＣＳＡとの交渉に派遣。あわせて、南部綿花農場主の支持を受ける民主党のアンドルー・ジョンソン〈Johnson, Andrew〉を副大統領に指名している。

しかし、四月一二日、ＣＳＡの沿岸砲兵隊がサウスカロライナ州チャールストン湾口のサムター要塞を砲撃すると、リンカーンは急きょ義勇兵七万五〇〇〇を三ヵ月任期で召集し、事実上の宣戦布告とした。

これを機に、ヴァージニア〈連邦離脱年月日　一八六一年四月一七日〉、アーカンソー〈同年五月六日〉、テネシー〈同年五月七日〉、ノースカロライナ〈同年五月二〇日〉の各州も、あいついでＣＳＡに加盟。五月二一日、ＣＳＡは首都をモントゴメリーからヴァージニア州リッチモンドに移すが、そこはＵＳＡの首都ワシントンからわずか一六〇キロメートルほどの距離である。

図版１　エイブラハム・リンカーン

図版２　ウィリアム・スワード

こうして、アメリカ国民は、二三の自由州から成るＵＳＡと一一の奴隷州から成るＣＳＡに分裂して内戦状態に突入した。一般には“American Civil War”と称されるが、我が国ではこれまで、対戦したＵＳＡ、ＣＳＡ両国の位置関係に照らして、南北戦争と訳称されてきた。

ただし、当時においては、

ＵＳＡが、

“War of the Rebellion”＝「叛乱(はんらん)戦争」

“War to Save the Union”＝「連邦を救う戦争」

ＣＳＡが、

“War of Southern Independence”＝「南部独立戦争」

“War of Northern Aggression”＝「北部による侵略戦争」

をもちいた。

さらに、中立州や諸外国は、

“War between the States”＝「諸州間の戦争」と呼ぶこともあった。

こうした事実は奇しくも、未曽有の長期的な内戦の構図を、明瞭に浮かびあがらせる。すなわち、南北戦争とは、統一連邦体制を脱退したＣＳＡにとって「独立」を賭けた郷土防衛戦であった。かたや「連邦再統一」を掲げるＵＳＡにとっては、叛乱一一州を併合するための征服戦となった。

この構図のうえに、戦線は南北が踵を接する三方面〈五五〇〇キロメートルにおよぶＣＳＡ領の湾岸戦線、南北首都のリッチモンドとワシントンを中心とする東部戦線、アパラチア山脈以西のミシシッピ川流域をめぐる西部戦線〉に沿って拡張を遂げていく。

結果的に、征服側のＵＳＡは、この三方面に展開した大規模な軍組織と、それに対応する長い兵站補給路を維持せねばならなかった。逆に、ＣＳＡは独立国家たるみずからの立場を、イギリスなどのヨーロッパ主要国に承認させるために、防御を軸として戦争自体を膠着状態に持ち込めばよい。

ＣＳＡがサムター要塞を砲撃したことによって開戦が不可避となった四月一七日、リンカーンは陸軍総司令官〈Commanding General：以下、総司令官〉ウィンフィールド・スコット〈Scott, Winfield：以下、老スコット。図版３〉の推挙もあり、アメリカ随一の名将と謳われる第一騎兵隊大佐ロバート・Ｅ・リー〈Lee, Robert Edward：図版４〉に総司令官就任を要請した。

図版３　ウィンフィールド・スコット

図版４　ロバート・E・リー

だが、この日、リーの故郷ヴァージニアが連邦体制離脱を決定。これを知ったリーは、総司令官就任を拒否するとともに、連邦陸軍からの除籍も願いでた。

「故郷に味方するのか、連邦に忠誠を尽くすのか……。いずれかの選択をせまられるのであれば、私は故郷を、家を、そして子どもたちを裏切るわけには参りません」

という言葉を残して、リーはヴァージニアに帰還、同州軍を率いてリッチモンドに赴く。彼の決断に感銘を受けた南部諸州出身の将校たちも、続々と連邦陸軍を辞してCSA入りした。

（まずいな）

とリンカーンは唇を噛んだ。

USAとCSAの人口は、一八二一年時点において、ほぼ拮抗（きっこう）していた。が、その後、ジャガイモ飢饉に見舞われたアイルランドを中心に、ヨーロッパ各地から大量の移民が北東部工業地帯に流れ込む。その結果、南北決裂時には、ＵＳＡの人口が二二〇〇万であったのに対して、ＣＳＡは九〇〇万。兵役可能人口も、前者が四〇〇万、後者は一二〇万というように、倍以上もの差がついていた。

単純に戦力の量的比較をおこなえば、ＵＳＡが圧倒的な優位を誇る。だが、当時、ウェストポイントをはじめとする合衆国内の陸軍士官学校八校のうち七校までが南部諸州に置かれ、卒業生の大半はそのまま南部に残って、地元軍の将校となっていた。

（軍の強さは、兵士を鍛えあげ、彼らを意のままに動かす将校の力量にかかる。これに人材をえなければ、いかに大軍を組織しても、所詮は烏合の衆にすぎない）

ということは、軍事の素人リンカーンにも自明であった。

あまつさえ、「独立」をめざすＣＳＡは、徹底した防御によって敵方の戦意を挫き、「独立」の承認を含む講和条約を締結すれば、戦争を成功裡に終わらせることができる。

じつはこの時期、ヴィクトリア女王（在位　一八三七年六月二〇日～一九〇一年一月二二日）治世下で「世界の盟主」を自認していたイギリスにとって、紡績業は工業生産の原動力であり、アメリカ南部諸州はその原料である綿花の最大供給地であった。

（リーたち熟練の将に率いられたＣＳＡが防御に徹し、叛乱が長期化すれば、イギリスなどヨーロッパ諸国の要らざる介入を招きかねない）

合衆国憲法第二章第二条第一項〈「大統領は陸軍および海軍ならびに現に合衆国の軍務に就くため召集された各州義勇軍の最高司令官となる」〉に則り、陸海軍最高司令官〈Commander Chief：以下、最高司令官〉となったリンカーンは、底知れぬ不安を覚えた。

思えば、『新約聖書』の一節「分かれたる家は立つこと能(あた)わず」〈マルコ伝三ノ二五〉を引き、南部諸州の奴隷制存続に警告を発したのは、三年前の一八五八年六月、イリノイ州スプリングフィールドで開かれた共和党州大会でのことであった。

〈「連邦再統一」をめざす戦いを勝利へと導くには、有力将校たちが抜けた穴を埋める手立てを、早急に探しだすことが必要だ〉

リンカーンは、就任早々、難題をつきつけられる。

たしかに国民同士を比較すると、ＣＳＡ領の南部人は、概して乗馬に長け、銃器類の操作にも慣れていた。貧窮農民主体の新参移民を多数抱えるＵＳＡとは異なり、英語が理解できないという意思疎通(コミュニケーション)上の問題もＣＳＡにはない。なによりも南部人のあいだには、「これから自分たちの国を築きあげる」という気概がみなぎっていた。

ここで、戦争の場裡(じょうり)において「勝つ」ということの本義が、相手に超えられぬ何事(サムシング)かを存立させることであるとするなら、ＵＳＡがＣＳＡに勝る「強み」をいったい奈辺に求めればいいのか――リンカーンが思案の末に導きだした答えは、「封建的な農業経済体制に依存したＣＳＡをはるかに凌駕(りょうが)するＵＳＡの産業力の活用」であった。

ちなみに、一八六〇年国勢調査によると、分裂後USAに入ったニューヨーク、ニュージャージー、ペンシルヴァニア、デラウェア、メリーランドの各州、それにワシントン市とニューイングランド地方をあわせると、アメリカ全体の工業生産額の六七パーセント、労働者数の七二パーセントを占めていた。逆に、CSA領を構成する南部奴隷州は、工業生産額のわずか八パーセントを占めるにすぎず、工業のほとんどがUSAに偏倚（へんい）している。

開戦当時、USAはまさに産業資本主義の開花期を迎えつつあった。じつはリンカーン自身も、若い頃に測量技師として働き、蒸気機関を利用してボートを浅瀬に引きあげる装置を開発、それによって特許権を取得している。「特許制度は、天才の熱情という炎に、利益という油をそそいだ」という彼の言葉は、特許局を管轄する商務省の玄関脇にいまも掲げられているほどだ。弁護士となってからは、鉄道最大手のひとつ、イリノイ・セントラル鉄道会社の法律顧問を務めた。

リンカーンを取り巻く人びともまた、さまざまな実業に関与している。軍務長官サイモン・キャメロン〈Cameron, Simon：図版5〉は、印刷工の徒弟として出版技術を学んだあと、ペンシルヴァニア州で新聞社を起ちあげ、州法銀行出納長にも就任した。

また、首都防衛の主力、ポトマック流域軍司令官として、戦史上初めて兵員一〇万を超える軍組織を構築したジョージ・マックリーラン〈McClellan, George Brinton：図版6〉は、イリノイ・セントラル鉄道副社長を経て、開戦直前までオハイオ・アンド・ミシシッピ鉄道社長を務

図版６　ジョージ・B・マックリーラン

図版５　サイモン・キャメロン

図版８　ウィリアム・シャーマン

図版７　ユリシーズ・グラント

めていた。

南北戦争後期に総司令官を拝命するユリシーズ・グラント〈Grant, Ulysses S：図版7〉は、戦前、不動産売買や税関事務に従事。その無二の相棒（パートナー）としてＣＳＡの工業拠点アトランタ攻略に成功するウィリアム・シャーマン〈Sherman, William Tecumseh：図版8〉も、セントルイスとサンフランシスコで銀行業を営んでいた。

このように、ＵＳＡの政治・軍事の中枢は、北部の産業資本主義を支える人材で構成された、いわゆる軍産複合体の様相を呈している。そんな彼らを束ねるリンカーンは、自身も「実業勃興期の申し子」であり、産業資本の秘めたる力を最も有効なかたちで活用できる国家指導者にほかならなかった。

ＵＳＡの産業力はまさに科学技術（テクノロジー）と巨大企業（ビッグビジネス）を軸に発展していくが、とくに前者を具現したのが情報を瞬時に伝達するモールス電信〈Morse electric telegraph：以下、電信〉であり、後者の代表が大量の人と物資の迅速な輸送を可能にした鉄道〈railroad〉なのである。

サムター要塞の陥落から一週間後の四月一九日、メリーランド州で親ＣＳＡ派の市民が暴徒化し、ＵＳＡ陸軍兵士を乗せてワシントンにむかう列車を襲撃する。その結果、ワシントンとＵＳＡ諸州をむすぶ鉄道路線が不通となった。

首都孤立の危機に直面したリンカーンは、ただちにキャメロンを介して、ペンシルヴァニア鉄道〔以下、ペン鉄道〕副社長トーマス・スコット〈Scott, Thomas Alexander〉を招聘（しょうへい）。破壊された線路、鉄橋、電信線の修復と援軍の輸送、そして大規模な軍事動員に耐えうる運輸通信体制の構築を委託する。

ただし、政府が管轄する鉄道・電信網の監督責任者を拝命したスコットが優先せねばならなかったのは、兵站輸送という軍事の動脈をになう鉄道網の整備よりも、行政府と前線の軍隊とのあいだ、そして軍隊同士のあいだで、必要な情報を短時間のうちに交換できる情報通信体制の早急な構築であった。

（有事に際しておこなう政治判断と軍事行動を的確ならしめるには、可能な限り迅速な情報の共有が必須となろう）

電信による鉄道運行管制システムを開発した経験から、スコットはそう考えたが、リンカーンもまた同じ認識を抱いていた。

かくして、政治・軍事の神経系統たる情報通信体制の確立が電信を軸にすすめられるなか、神経組織の接合部として行政府も含めた軍事単位間の連係（コンビネーション）を円滑かつ密接におこなうために創設されたのが、連邦軍用電信隊〈United States Military Telegraph Corps：以下、ＵＳＭＴＣｓ〉である。

その本部はワシントンの軍務省内に置かれたが、そこで電信暗号の作成・解読という特別任務にあたった数名を除いて、隊員たちは全員が各方面軍に配属された。そして、銃弾飛び交い、砲弾が炸裂（さくれつ）するなかで、電信機器を操作して戦況や指令を正確・迅速に送受する。ときには、累々たる屍を踏み越えて敵領への決死行を試み、敵方の電文を傍受する危険任務に身を挺することもあった。

こうしてＵＳＭＴＣｓが各戦線・戦場で収集した事実群〈fact / data〉は、電信網を介して軍務省電信本部〔以下、電信本部〕に逐次送られる。リンカーンはこれらを閣僚たちと協力して分析し、軍事作戦の方針〈intelligence〉に加工したうえで、電信本部から各方面軍に指令〈order〉として返還〈feedback〉した。それと同時に、事実群を情報〈information〉に編集し、新聞社を介して、戦争の趨勢を知りたがっている国民に提供したのである。

驚くべきは、ＵＳＡの情報通信体制を全面的に支えたＵＳＭＴＣｓが、軍制上の正規部隊ではなく、そのほとんどが敵弾の唸りなど耳にしたこともない民間技能者から構成される、一種の軍属組織にすぎなかった事実であろう。

隊員たちは、戦闘の帰趨を左右する機密情報をあつかいながら、否、それをあつかうがゆえに、民間人身分のまま軍務長官の直属下に置かれ、各軍司令官の指揮・命令にはいっさい服さずともよかった。

争乱によって授けられたＵＳＭＴＣｓの寿命はわずかに五年、アメリカ合衆国の分水嶺に流星のごとき光芒を放って消えた。そして、その名はこれまで、南北戦争史に影文字で埋め込まれてきたにすぎない。

今回、リンカーンやグラントといった史上の有名人たちとともに、そんな無名の技能集団に光をあてるのは、当時の最先端を走っていた電信という情報通信技術が、戦争という禁断領域に使用された原風景を描きだすためだけではない。
それを自在に操って南北戦争の勝敗に決定的な影響を与えたUSMTCsという特定の視界のうちに、いま囁かれている「有事に際して、誰が、なんのために、どのようなかたちで身命を賭すのか?」という疑問を解く回路も見えてくるのではないだろうか——そんな念(おもい)も抱きながら、従来ほとんど語られることのなかった人びとの営みを、紙上によみがえらせてみたい。

【凡　例】
◇人名・固有名詞・術語の表記—人名・固有名詞は、適宜、訳語やカタカナ表記のあとの〈　〉内に原語を付した。
◇語句の説明と補足—語句の説明や出来事の発生年月日は、適宜、そのあとの〔　〕内に記した。
◇合衆国政府旧執行部門の名称—United States Department of War は、一七八九年から一九四七年まで陸軍(後に空軍も含む)の作戦と管理をおこなうため存在した省庁であり、現在の「陸軍省〈Department of the Army〉」と区別するために、「合衆国旧陸軍省」と訳されることが多い。また、それを率いた Secretary of War も「陸軍長官」と訳されてきた。ただし、本書はそれが実際に機能していた当時をあつかうことから、「旧陸軍省」という訳語をもちいず、より原義に近い

「軍務省」という訳語をあてる。それにしたがって、Secretary of Warにも「軍務長官」という訳語をあてることとする。

◇軍制用語について――USMTCsの"Corps"という語は、本書において「隊」と訳されている。USMTCsは軍制上正規の組織ではなく、さりとて義勇軍〈militia〉のごとき存在でもない。まさに特殊任務に従事する民間技能者から成る軍属集団にほかならず、その派遣先の軍の規模に応じて要員数も一定ではない。よって、軍務長官直属という身分に照らせば、「隊」とする以外に適当な訳語が見つからなかった。付言すると、南北戦争時、軍制はUSA、CSAともに未整備であった。部隊の規模や呼称には変更があり、兵数には大きな幅が見られる。まず、軍〈army〉は、ある地域において独立して活動する部隊全般を指す。南北戦争中、USAには一六個の軍が編成され、その大部分には、ポトマック流域軍やテネシー方面軍のように、それらが作戦実行した河川または地域の名称が冠せられた。一軍の兵力は一万、二次的な戦域ではそれ以下のこともあり、逆にマックリーラン率いるポトマック流域軍のように一〇万規模のものもあった。ついで、軍団〈department〉は、通常二～三個師団から成り、総兵力は一万五〇〇〇～二万である。師団〈division〉は二～三個旅団から成り、兵力は五〇〇〇前後。旅団〈brigade〉は二個連隊以上から成り、兵力は一二〇〇から三〇〇〇。最後に、連隊〈squadron〉は通常一〇個中隊〈troop〉から成り、戦線にとどまる期間に応じて、兵力には二〇〇～八〇〇と幅が見られた。

◇南北戦争の概略と推移――南北戦争では、USA軍とCSA軍が驚くほど広範な地域で戦闘をおこなった。そこで、巻末に主要な戦闘の位置を示した「南北戦争主要戦闘地図」、戦争の経過とUSMTCsの活動を時系列にたどった「南北戦争／USMTCs略年表」、USMTCs隊員名を記した「USMTCs隊員名簿」を付した。適宜参照されたい。

◇掲載図版と参考文献―本書では、図版資料として写真・絵・図表を使用し、また多くの著書・論文を参考にした。それらを巻末の「図版出典一覧」・「参考文献一覧」にまとめておいた。適宜参照されたい。

I　軍事情報通信の起源

――ワシントン震撼――

人類の夢、われわれがかくも強く、かくも難攻不落と信じていた、あの自慢の「合衆国」は――見よ、すでに陶器の皿のように、砕け散ったかの如くだ。――おそらく、誇り高きアメリカは、二度と再び、かかる時間を味わうことはあるまい。荷をまとめて逃げださねばならぬ――一刻も猶予はできぬ。

――『ホイットマン自選日記』一八六一年七月、ブルランの戦い

サムター陥落の衝撃

サムター要塞は、サウスカロライナ州チャールストンから約六・四キロメートル離れた湾口の、花崗岩で築かれた人工島にある。高さ一二メートル、厚さ二〜四メートルの煉瓦壁に沿って、一四六基の大砲が配置可能であり、あらゆる艦船の出入りを阻止できる威力を備えていた。

サウスカロライナ州は、統一連邦体制からの脱退にあたり、この要塞を是が非でも手中に収めたかった。CSA大統領デーヴィスはピエール・ボーレガード〈Beauregard, Pierre G.T.〉准将を派遣し、要塞守備隊長ロバート・アンダーソン〈Anderson, Robert〉大佐にUSA軍の撤退と要塞の明け渡しを要求する。これに対して、アンダーソンは守備隊の任務を全うすべく、「食糧が尽きる二日後に降伏する」と返答した。

ボーレガードはしかし、わずか二日の猶予すら認めなかった。リンカーンが戦艦の出動命令を下し、武器・弾薬などを要塞に補給しようとしている、という情報を摑んだからだ。

一八六一年四月一二日午前四時三〇分、ボーレガードは、サムター要塞を俯瞰するジョンソン要塞に配したCSA沿岸砲兵隊に発砲を命じた。

アンダーソンの指揮下、USA守備隊六九名も終日応戦したが、翌四月一三日に弾薬が尽きて降伏。太鼓を打ち鳴らし、軍旗をひるがえしながら、堂々と要塞から撤退した。

チャールストン海岸通りに集まった奴隷制支持派の紳士淑女たちは、合衆国旗が降ろされ、代わりにCSA旗が掲揚されるのを見て、まるでお祭り騒ぎのように歓声をあげた。

――CSA軍、サムター要塞を砲撃!!

この報せがチャールストンからUSA諸州にもたらされると、人びとはCSAによる暴挙に激しい憤りを覚えた。

首都ワシントンでも、人びとはサムター陥落の報せを聞き、怒りをあらわにした。

大統領官邸（ホワイトハウス）のリンカーンは、嵐のごとき愛国心の奔出を眺めながら、

（これこそが国民と呼ぶにふさわしい姿だ。火薬の匂いも、たまに嗅ぐといいものだな）

と微（かす）かな満足感を覚えた。

ところが、その後の事態は、彼の思惑とは正反対の方向に推移する。四月一七日、ヴァージニア州が連邦離脱を表明。総司令官就任を請われたリーは、故郷ヴァージニアに去った。そして、官邸の窓からは、ポトマック川対岸のアーリントン高地にひるがえるCSAの軍旗が見えた。サムター要塞を落としたボーレガードが、北上して陣を張ったのである。

その二日後の四月一九日には、境界州〔北部連邦領に接する奴隷州〕であるメリーランド州の

ボルチモアで、大規模な市民暴動が発生。親ＣＳＡ派市民が、ワシントンの救援にむかうマサチューセッツ第六連隊約一万を乗せた列車を、置き石や発砲によって妨害しようとした。連隊兵士もこれに応戦し、死傷者二〇余〔兵士四名、市民一二名が死亡〕がでる惨事となる。

ボルチモア・アンド・オハイオ鉄道社長ジョン・ギャレット〈Garrett, John〉は、暴動鎮圧のためにノーザン・セントラル鉄道とフィラデルフィア・ウィルミントン・アンド・ボルチモア鉄道〔以下、フィラ鉄道〕の線路をボルチモア北郊ペリヴィルで閉鎖、ＵＳＡ軍の輸送を強制的に停止した。

（援軍がこない?!）

ワシントンに衝撃が走った矢先、ボルチモア市長ジョージ・ブラウン〈Brown, George〉はリンカーンに対して、また、ペン鉄道社長ジョン・トムソン〈Thomson, John〉とフィラ鉄道社長サミュエル・フェルトン〈Felton, Samuel〉はキャメロン軍務長官に対して、さらなる軍隊輸送は困難であると警告してきた。

これを受けて、リンカーンはボルチモアを占領して戒厳令を敷くのに十分な兵力を派遣できるまで、同地を迂回して行軍するよう残余の部隊に指令を発する。キャメロンもまた、鉄道と水運を組み合せた輸送経路〔ペリヴィルまで鉄道を利用し、そこからワシントン近郊アナポリスまで汽船を使い、アナポリス↕ワシントン間でふたたび鉄道を利用〕の採用を決定した。

（これ以上、境界州を刺激するのは得策ではない）

という政治的観点からの措置であったが、四月二〇日以降、ワシントンはアーリントン高地に陣を布くボーレガード軍をまえに、しばし孤立状態に置かれた。

リンカーンは、開戦早々、最悪の事態に直面して、

（もはや一刻の猶予もならない）

と悟った。

そんなとき、トムソンとフェルトンがキャメロンを介して「アナポリス↕ワシントン間の各鉄道をUSA政府が接収すべきである。そうすれば、この地での軍隊輸送を、我々二社が共同で監督してもよい」とリンカーンに進言する。

リンカーンはただちにこれを承諾し、既述のように、トムソンの部下でペン鉄道副社長を務めるスコット〔図版9〕の招聘を決定。スコットは列車運行システムの構築と運営にかけては並びなき天才と称されていた。

四月二二日、リンカーンはワシントンに馳せ参じたスコットを、アナポリス↕ワシントン間の鉄道・電信網の臨時監督責任者に任命する。

ついでながら、一八三七年一〇月に肖像画家サミュエル・モールス〈Morse, Samuel F〉と鉄工所の後継（あとつぎ）アルフレッド・ヴェイル〈Vail, Alfred〉が、文字や数字を短符（ドット）〔・〕と長符（ダッシュ）〔—〕の組み合わせ符号（コード）に変換して電送する画期的な電気通信方式〔モールスの名義で特許を取得したことから、モールス電信と呼ばれた〕を開発して以来、アメリカの電信事業と鉄道事業は切っても

切れない関係を築いてきた。

まず、広大な国土に展開する鉄道事業は、設備投資費の制約にせまられて、単線路を往復兼用する列車運行方式を採用せざるをえなかった。それが東西南北数千キロメートルにも達すると、当然、自然条件による列車の遅延や列車同士の衝突事故も頻々となる。これを回避すべく、列車管制本部が電信を介して路線状況を逐一監視し、各駅間の定時・緊急連絡によって、列車の発着時刻を厳密に統制・調整するシステムが敷かれたのである。

他方、電信事業から眺めれば、鉄道線路周辺は比較的平らに整地されるから、線路沿いは電柱を建て並べ、電線を張るにも都合がよく、設備の保守・補修のための人員派遣も容易になる。また、鉄道駅周辺には居住域（コミュニティ）も形成されるので、電信利用者の確保も見込めた。

図版９　トーマス・スコット

このように両事業は「持ちつ持たれつ〈give-and-take〉」の関係によって経済基盤（インフラストラクチュア）をになうこととなった。とりわけ電信は、遠距離間における意思疎通の形態（モード）を、従来の「輸送」から「通信」へと転換し、情報伝達の範囲と迅速性の飛躍的な向上をもたらす。右記のように、単線路運行の鉄道事業にとっては、本部↔各駅間をつなぐ電信網が、列車管制システムとして不可欠な役割を果たしたのである。

したがって、電信システムの整備は、戦時の兵站輸送ならびに戦況報告・指令交信にとっても必要不可欠な事業にほかならず、その意味で、スコットの任務はまさに軍事の根幹を成すものであった。実際、スコットは五月に政府管轄鉄道・電信総監を拝命、八月には軍務次官補に昇進している。

そんな重要任務を負ったスコットを現場において支えたのが、「スコット氏のアンディ君」と呼ばれたモールス電信士〈Morse telegrapher/Morse telegraph operator：以下、電信士〉あがりの青年。当時、二五歳になったばかりだが、スコットの腹心としてペン鉄道ピッツバーグ管区主任を務めていた。かねてから熱心な奴隷制反対論者でもあったこの青年こそ、のちに「鉄鋼王」として名を馳せるアンドルー・カーネギー〈Carnegie, Andrew：図版10〉である。

図版10　アンドルー・カーネギー

一八六一年四月二七日、スコットから指令を受けたカーネギーは、まず、ペン鉄道とフィラ鉄道から腕利きの鉄道技師、機関士、線路敷設工、橋梁（きょうりょう）建築士、列車運行監督を選抜して鉄道復旧チームを結成、ＵＳＡ各州↕ワシントン間の輸送路確保に着手した。

それは、キャメロンが採用した前記の案にしたがって、オハイオを迂回するために、フィラ鉄道ペリヴィル駅↕アナポリス間を船便、アナポリス駅↕ワシントン間をアナポリス・アンド・エルクリッジ鉄道でむすぶというものである。

鉄道復旧のほかに、ワシントンとUSA各州をつなぐ電信網の修復・整備を任されたカーネギーは、ペン鉄道ピッツバーグ管区電信局支配人デヴィッド・マッカーゴ〈McCargo, David〉に左のような電報を送っている。

「一八六一年四月二二日 ワシントンDC
デヴィッド・マッカーゴへ
貴君配下の電信士中最も優秀な四名を、ただちにワシントンDCに派遣されたし。
戦時の政府業務に参加させるつもり。
アンドルー・カーネギーより」

これに対して、マッカーゴより左の返電がカーネギーに届いた。

「ワシントンDC陸軍省　アンドルー・カーネギーへ
電文拝受。ミフリンのストローズ、ピッツバーグのブラウン、グリーズバーグのオブライエン、アルトゥーナのベイツがワシントンに出発。

電信局支配人　デヴィッド・マッカーゴより」

ふたりは電信士時代からの親友であり、一八五九年にカーネギーがペン鉄道独自のモールス電信士養成課程を開設した際、マッカーゴを同社電信部主任に招いた。マッカーゴは鉄道網の急速な拡張による電信士不足をおぎなうために、若い女性を積極的に鉄道駅勤務の電信士に採用するなど、当時としては斬新な改革を実施している。

話をもどすと、マッカーゴが選抜したデヴィッド・ストローズ〈Strouse, David〉、サミュエル・ブラウン〈Brown, Samuel〉、リチャード・オブライエン〈O'Brien, Richard〉、デヴィッド・ベイツ〈Bates, David〉は、四月二五日にペンシルヴァニア州フィラデルフィアから同州ハリスバーグに到着し、そこで記念写真〔図版11〕を撮ったあとペリヴィルに入った。けれども、ペリヴィルで親ＣＳＡ派による鉄道橋の破壊を目撃、仕方なく蒸気船でアナポリスへとむかう。そして、線路修理に悪戦苦闘するカーネギーの鉄道復旧チームに合流し、二日後の四月二七日、無事ワシントンに到着した。

この四名のうちで大統領官邸隣の軍務省に設置された電信本部に勤務し、ワシントン↕各方面軍間で使用される暗号電文の作成にあたったベイツは、のちに回想している。「これが全てのはじまりだった。私を含めた四名の若い電信士が、まず、ＵＳＭＴＣｓの核〈nucleus〉になったのだ」と。

なお、四名中の最年長にしてリーダー役であったストローズは、過度の緊張をともなう激務に耐えられず、ポトマック流域軍用の電信架設後に離脱。一八六一年一一月一七日、故郷ペンシルヴァニア州ジュニアータで、二三年の短い生涯を閉じた。

カーネギーがこの四名を選抜したあと、軍務長官の名でペン鉄道をはじめとする民間の鉄道会社や電信会社から技能優秀な電信士がつぎつぎとＵＳＭＴＣsに徴用され、軍事拠点に派遣されていく。彼らの氏名と配属先は図版12のとおりである。

図版 11　招聘された電信士
起立中央サミュエル・ブラウン、
着席左からデヴィッド・ストローズ、
デヴィッド・ベイツ、
リチャード・オブライエン

ＵＳＭＴＣsの人員確保にくわえて、カーネギーはもうひとつの重要任務に取り組む。それは、この新組織が軍事用電信システムを構築していくための資金作りであった。

当初、この難事業に充当できる資金が、政府予算には計上されていなかった。議会は閉会中であり、かくも唐突に

隊　員　氏　名	配　属　先
W・H・バウアー J・J・G・ライリー	メリーランド州 ボルチモア・キャムデン駅
ジャルズ・F・ガスリッジ	ボルチモア・アンド・オハイオ鉄道 中継局
ウィリアム・B・クレス クロスビー・J・ライアン サミュエル・M・ブラウン ジェシー・H・バンネル	メリーランド州アナポリス中継局
ジェシー・W・クロース O・H・キンナマン H・L・スミス	ワシントン軍務省兵站局
C・H・ロンズベリー	国会議事堂
リチャード・オブライエン	陸軍兵器廠
デヴィッド・H・ベイツ T・H・フォンダ トーマス・フレッシャー・ジュニア ウィリアム・B・ウィルソン	ワシントン軍務省
D・B・ラスロップ ジョン・B・パーソンズ トーマス・S・ジョンソン	海軍工廠
J・R・ギルモア M・V・B・ビュエル C・W・ジャッキー	ヴァージニア州アレグザンドリア
H・W・ベントン C・J・トーマス	ヴァージニア州アーリントン裁判所
R・エメット・コックス G・ウェズリー・ボルドウィン	ヴァージニア州 アプトンズ・ヒル駐屯地
アルバート・G・スナイダー ウィリアム・E・ティニー	ヴァージニア州マナッサス駐屯地
L・A・ローズ ウィリアム・C・ホール	ヴァージニア州トレントン駐屯地
W・A・キング	ワシントンD.C.ジョージタウン
J・W・スミス N・H・ブラウン ハミルトン・フィチェット	ワシントンD.C.チェインブリッジ

図版12　1861年6月末　USMTCs隊員リスト

戦争の火ぶたが切られるとは、誰も予想していなかったからだ。

　そこで、カーネギーは、東海岸からメキシコ湾岸にかけて電信事業を展開するアメリカ電信会社〈American Telegraph Company：以下、ATC〉社長エドワード・サンフォード〈Sanford, Edward〉のもとに赴き、USA政府が軍用電信敷設予算を正式に承認するまで、USMTCsに融資してくれるかどうかを打診した。

　サンフォードがこれを快諾したことにより、一八六一年六月、カーネギーは首都ワシントン防衛の拠点であるヴァージニア州アレグザンドリア↕軍務省間に直通電信線（ホットライン）を敷くことができた。電信線はさらに、アレグザンドリアからスプリングフィールドやフェアファクスにも延ばされていく。

　こうして、南北両軍がいつ激突しても、戦況が軍務省に逐一送信される情報通信体制が整えられたのである。

電信が伝えた屈辱

　この時期、ワシントン周辺には「リッチモンドを攻略せよ」という声が満ちていた。七月四日、USA議会は特別議会を招集し、五〇万の徴兵権を大統領に付与する。

（これはもう、やるしかないだろう）

リンカーンは、総司令官の老スコットに、ヴァージニアへの進撃を命じた。

老スコットは、ＣＳＡ領内の海岸線を封鎖し、ミシシッピ川を制圧下に置くことで、ＣＳＡを兵糧攻めにする大蛇（アナコンダ）作戦を構想していたが、最高司令官の決定を無視するわけにはいかなかった。

折しも「ＣＳＡ議会が七月二〇日に開催される」との報が伝わっていた。くわえて、三ヵ月期限で四月に召集した義勇兵の任期終了もせまりつつあった。

かくして、七月一六日、実戦の総指揮を任されたアーヴィン・マクダウェル〈McDowell, Irvin〉少将は、いまだ「軍隊」と呼ぶにはほど遠い、雑多な義勇兵三万五〇〇〇を率いてポトマック要塞を進発する。

「我がＵＳＡ軍の尻が青い（グリーン）というなら、それはＣＳＡ軍とて同じではないか」

リンカーンはいささか乱暴な言葉で、マクダウェルを激励した。

――六〇日もあれば、リッチモンドを攻略し、ＣＳＡを制圧できるだろう。

実際、閣僚たちのあいだでは、そんな楽観論も囁かれていた。

指導部の驕（おご）った気分は、義勇兵にも伝わる。出陣に際して彼らは、銃の先に縄を結わいつけた。「凱旋の暁には、南部の反逆者どもの首に縄を掛けて、引っ張ってきてやる」という示威行動（デモンストレーション）であった。

七月一八日、マクダウェルは、ヴァージニア州北部の鉄道の要衝マナッサスに軍をすすめ、ブルラン川をはさんでボーレガード率いるCSA軍と対峙する。マクダウェルはすぐに斥候を放ち、敵陣の側面を攻撃するための間道を探索させた。

このとき、USA軍のあいだに、重大な連係上の齟齬（そご）が生じる。マナッサス西北五〇キロメートルに位置するシェナンドア渓谷には、ジョゼフ・ジョンストン〈Johnston, Joseph E〉率いるCSA軍一万二〇〇〇が駐屯していた。

これを牽制（けんせい）すべく一万八〇〇〇の兵を率いてハーパーズ・フェリーを発したロバート・パターソン〈Patterson, Robert〉少将が、あろうことか、ジョンストン軍の兵力を自軍の倍と見誤り、独断で軍を返したのである。

その間、ボーレガードは既存の商用電信線を介して、シェナンドア渓谷のジョンストンに来援を要請した。翌一九日午後、ジョンストン軍の先発部隊数個がマナッサス・ギャップ鉄道を使って到着。二〇日には、ジョンストン自身が残りの部隊を率いてボーレガード軍に合流している。

じつは当時のワシントン社交界で「名花」と謳われたローズ・グリーンハウ〈Greenhow, Rose O〉が、CSA諜報員であった。メリーランド州の裕福なプランテーション農園に生まれた彼女は、国務省の通訳・調査官であった夫ロバート・グリーンハウが事故死したあと、その遺産でワシントンの政治家たちとの社交生活を楽しむようになる。やがてサムター要塞の陥落後、ＣＳＡ陸軍大尉トーマス・ジョーダン〈Jordan, Thomas〉の誘いを受け、諜報活動に参加した。

ジョーダンから基本的な暗号法を学んだローズは、自邸で夜会を開催し、政府高官たちから巧みに情報を集めていく。そして、七月初めに「マクダウェルが一六日に進軍開始の命令を受けたことは確実」、また、同一八日に「ＵＳＡ軍はウィンチェスター鉄道の切断を画策」という暗号文書を、ボーレガードのもとに送ったのである。

かたやＵＳＡ軍一万三〇〇〇は、敵将が自分たちの動向を把握しているとは知らぬまま、七月二一日午前二時、夜陰に紛れてＣＳＡ軍の背後に回り込みつつあった。無論、このときマクダウェルは、ジョンストン軍がボーレガード軍と合流したとは、夢にも思っていない。

夜が白々と明ける頃、ネイサン・エヴァンス〈Evans, Nathan〉率いるＣＳＡ偵察部隊がマクダウェル軍の動きを捉え、大旗をもちいた信号通信によってそのことを司令部に急報した。ボーレガードは、間髪入れずＵＳＡ軍の予測進路に部隊を派遣し、迎撃態勢を整える。

マナッサスとワシントンの中間点に位置するフェアファクス裁判所庁舎には、カーネギーの指揮するＵＳＭＴＣｓが仮設電信局を開設、マクダウェル軍司令部と軍務省電信室とのあいだでやりとりされる電文を中継する手筈（てはず）となっていた。じつは軍司令部↕裁判所庁舎間には、まだ電線が引かれておらず、騎馬急使隊が電報を携えて逐次往復せねばならなかった。

この日、電信室には、リンカーンをはじめとして、キャメロン、スワード、財務長官サーモン・チェイス〈Chase, Salmon Portland〉、司法長官エドワード・ベイツ〈Bates, Edward〉、そしてスコットらが集い、壁に掲げられた地図を眺めながら、戦場からの第一報を待ちかまえていた。電信機材が置かれた狭苦しい空間に閣僚たちが詰めかけたものだから、電信士たちは職務に集中しにくかったという。

リンカーンが日曜礼拝からもどってまもない午前一一時二五分、受信機がカチカチッという金属音を奏でた。居合わせた閣僚たちに緊張が走るなか、電信士が素早く受信紙に復元文を書き留めていく。

「午前一一時二五分。
重砲および小火器の発砲激しさを増す。マスケット銃の発砲も同様なり。
中尉カーティス――電信士――フェアファクス」

これを皮切りに、現地の電信担当将校カーティス中尉から矢継ぎ早に電文が送られてきたが、いずれも戦闘の激しさは伝えているものの、肝心な戦況がいまひとつ判然としない。

(大丈夫なのか、ほんとうに……)

微かな胸騒ぎを覚えたリンカーンは、老スコットが司令部をかまえる煉瓦家屋に足を運んだ。士官と職員でごった返す建物の一室で、老将軍は午睡を貪っていたが、寝惚け眼をしばたきながら、フェアファクスより届いた電報を一瞥する。

「フェアファクスより午後二時四五分。スコット将軍殿。戦闘は少し遠方に移動。マナッサス・ジャンクション方面に。小官の判断では、重砲よりも軽砲による砲撃が増加。

中尉カーティス」

スコットは、ふんと鼻を鳴らした。そして、「総司令官殿、この電報の意味するところは？」というリンカーンの問いかけに対して、

「閣下、いったいなにが心配ですかな？　マクダウェルが万事うまくやっておりますよ」

と面倒臭そうに答える。

(だから、その「万事」の中身が知りたいのだ)

とリンカーンは内心舌打ちしたが、これ以上の追及は非礼になると考えた。

電報を手に部屋を去るリンカーンを見送りながら、スコットはやれやれという表情を浮かべ、ふたたび眠りに落ちた――

これが午後三時過ぎのワシントンの光景である。老スコットだけでなく、閣僚たちもまた、戦闘の行方をいまだ楽観視していた。

後続する電文がいずれもUSA軍の優勢を伝えてきたので、リンカーンもすっかり勝利を確信し、ベイツ司法長官を同伴して気分転換の馬車乗りにでかけている。実際、戦場ではUSA軍がCSA軍を圧倒する展開が続いていた。リンカーンが電信室を離れてまもなく、カーティスから電文が届いた。


「フェアファクスより午後三時三五分。

微かな戦闘音を聞くのみ。以降、新たな戦闘がない限り、電文送信はなし。古き星条旗のために栄光ある戦いを遂行。

中尉カーティス　連邦国」


事実上の「通信放棄」ともとれる一節に驚いたスコットは、すぐに「部署にとどまり、二〇分おきに戦況をワシントンに伝えられたし」と打電させる。が、カーティスからの返信はなかった。


(戦況報告の意味がわかっているのか?!)

スコットは電信担当将校のずさんな行動に呆れた。

しばらくすると、受信機が音を立てた。意外にもカーティスからではなく、フェアファクス配属の電信士からである。

「フェアファクス裁判所庁舎より午後三時五〇分。

我が方の伝令いまだ帰還せず。ミシガン第二連隊のバートン補給将校がいましがた立ち寄る。主戦場はマナッサスからこちら側五キロメートルの地点。我が軍はＣＳＡ軍をマナッサスまで追いやった模様。

電信士」


この緊迫した報告を最後に、フェアファクスからの連絡は途絶えた。

「伝令いまだ帰還せず」という一節にスコットは思わず眉をひそめた。カーネギーが指揮する騎馬急使隊が機能していないということは、マクダウェル軍になんらかの異変が生じたから、とも考えられる。

このとき電信室で電文送受にあたっていたベイツは、後年、「沈黙が室内を支配し、奇妙な不安感が私たちを包みはじめた」と回想している。その頃、実際の戦況は、誰も予想しなかった方向へと推移していたのだ。

終始ＵＳＡ軍がＣＳＡ軍を圧倒する展開は、午後四時半に急転する。まず、主戦場であるヘンリーハウス・ヒルで防戦に追われるＣＳＡ軍のもとに、ヴァージニア第三三連隊が応援に駆けつけた。ついで、ＵＳＡ軍に撤退命令が伝えられた。夜間行軍を含めて一四時間以上も戦闘を続けてきた疲れが極（ピーク）に達している、とマクダウェルが判断したためである。

（いったん後退して休憩をとり、万全の態勢を整えたうえで、再攻勢を仕掛ける）

という程度の腹積もりであった。

ところが、このふたつの動きがほとんど時間差（タイムラグ）なく起こったために、疲労困憊（こんぱい）したUSA軍は「尻が青い（グリーン）」ことを、これ以上はないかたちで露呈してしまう。

撤退命令を聞くや、長時間にわたる緊張と疲労から解放された義勇兵たちは、一瞬にして烏合の衆と化した。彼らはマスケット銃を投げ捨てると、大砲を路上に放置したまま、重傷者をあとに残し、我さきにとワシントンめざして忙（せわ）しなく脚を回転させはじめる。石橋は逃げ惑う兵士で溢れ返り、川を泳いで渡ろうとする者までいた。

マクダウェルは勝利がいまだ掌中にあると信じていたが、新たな援軍をえたCSA軍が俄然（がぜん）攻勢に転じると、USA軍の撤退は加速し、やがて潰走の様相を呈した。

のちにマクダウェルは、このときUSA軍がさらした醜態を振り返り、

「こんなものは軍隊ではない。本物の軍隊を作るには、それなりの時間をかけねばならない」

と述懐している。

誰も止めようのない壮大な混乱（パニック）が戦場でくりひろげられているとき、電信室は重苦しい空気に支配されていた。戦場からの連絡が途絶えて、すでに二時間が経過している。

（まさか、リッチモンドまで一気に攻め込んだ、ということではなかろうが……）

とスワードが呟いた矢先、受信機が金属音を発した。待ちわびたフェアファクスからの送信

だ。電信士が素早く筆記した。

「マクダウェル軍、センターヴィルを通過して全面撤退中。本日敗北。ワシントンの守備を固めよ」

電信室の空気が一瞬にして凍てつく。居合わせた全員が、その場で木偶のように硬直した。

ほどなく、追い討ちをかけるような電文がフェアファクス南東一五キロメートルのスプリングフィールドから届いた。

「連邦軍退却中。まず負傷兵。続いて小隊、連隊が通過中」

閣僚たちは茫然とした表情を浮かべ、そのあと落胆して肩を落とした。誰の唇からも血の気が失せ、頬が憤怒と屈辱に慄えている。

スワードはこの電文を引っ摑んで大統領官邸へと駆け込んだ。

「早く大統領を見つけろ!! スコット将軍のところにいくよう伝えるのだ!!」

国務長官の恐ろしい形相に、副官たちは狼狽して四方八方に散った。

やがてリンカーンがもどり、敗報を確認する。彼は表情を変えず、老スコットのいる軍司令れる。

部へとむかった。そこで、緊急会議が催されて、首都防衛にあたる増援隊の即時召集が決定さ

その頃、電信室ではスコットが、

(アンディはどうした?!)

と子飼いの部下の身を案じていた。

カーネギーに「もしも」のことがあれば、今後の通信・運輸体制の整備・拡充にとって大きな痛手(ダメージ)となる。

幸いにもカーネギーは無事であった。当初、彼はヴァージニア州アレグザンドリアの仮設電信局に駐在し、斥候隊を組織して前線の情報収集にあたっていた。

(なにが起こったのだ、いったい……。勝ち戦(いくさ)のはずじゃなかったのか?!)

事態の急転に驚きながらも、カーネギーは敗残兵を救出しようと、列車を前線に急行させる。USA軍の敗退が決定的になると、自身もUSMTCs隊員たちとともに、最後の列車に乗り込んで、なんとかアレグザンドリアに帰還した。

(くそッ、なんてざまだ)

カーネギーは臍(ほぞ)を噛んだ。

(リッチモンド攻略のために準備した電信と鉄道なのに……)

カーネギーの指揮下でヴァージニア↕軍務省間に架設された直通電信線は、皮肉にも、U

SA軍の失態をワシントンに伝え、鉄道は敗残兵を運ぶこととなった。

南北緒戦における情報戦は、CSAに軍配があがった。グリーンハウから届けられた事前情報と斥候による現時情報によってマクダウェル軍の動きを予測したボーレガードは、商用電信線と旗振り信号を活用することで、効果的な兵力集中を実行できたのである。

ナポレオンの再来

後世、第一次ブルラン会戦と称される最初の軍事衝突において、USA側は三〇〇〇、CSA側は二〇〇〇の死傷者をだす。惨めな姿の敗残兵がなだれこんだワシントンは、それに続くCSA軍襲来の恐怖に震撼（しんかん）した。

このとき志願して傷病兵の看護にあたっていた詩人ウォルト・ホイットマン〈Whitman, Walter〉は、「記録に残る最も奇妙な戦い（中略）の二四時間、ワシントン内外のいたるところで、名士、軍人、商店主、役人たちが、徹頭徹尾譲歩せよ、南部の統治に代えよ、リンカーンは即時離任して去れ、と声高に叫んだ」と備忘録に記している。

だが、予想外の大敗を喫したUSAにとって、不幸中の幸いであったのは、CSA軍が追撃をおこなわず、辛うじて手にした勝利の余韻と感慨にひたりつつ野営に入ったことだ。歴史に

「もし」は通用しないが、それでもＣＳＡ軍が最後の力を振り絞ってＵＳＡ軍を追撃していれば、この時点でワシントンは陥落していたかもしれない。

じつは、この会戦で鬼神の働きを見せ、「石壁〈Stonewall〉」の異名をとったトーマス・ジャクソン〈Jackson, Thomas〉は、潰走するＵＳＡ軍を追撃するよう強く主張した。これをボーレガードとジョンストンが斥けたのである。

なによりも自軍が疲労困憊していた。そこに、背を見せる敵への攻撃を「潔し」としない、南部軍人特有の騎士道精神も働いた。

（ワシントンは目と鼻の先ではないか?! こちらは疲労しているだけだが、敵軍は絶望し、戦意を喪失しているというのに……）

ジャクソンは二将の甘さに歯噛みした。

こうしてワシントンは陥落を免れたが、緒戦の敗北はまがうかたなき事実である。「ＵＳＡ軍退却中」の報に接した閣僚たちは、肩を落としたまま、電信室をつぎつぎと去った。

しかし、リンカーンだけは老スコットとの協議が終わったあと電信室にもどり、その日フェアファクスから送られてきた電文をひとつひとつ丹念に読みはじめた。

（なるほど。自分は軍事に関しては素人だが、いまこうして冷静に電文を読んでいくと、我が軍が危うい状況のなかで戦っていたことは、なんとなく見えてくるものだな）

椅子に深く腰を下ろして、長い脚をテーブルに載せたまま、リンカーンは幾度となく電文を読み返した。

（老スコットは総司令官でありながら、現地からの報告を一顧だにしなかった。マクダウェルはこちらへの連絡を途中で放棄した。パターソンにいたっては、こちらの指令を無視して、勝手に軍を返した。どうも軍人というのは、戦場において、己が判断こそ絶対と信じてやまぬ人種であるらしい）

リンカーンは最終的に、惨敗をもたらした要因をこのように分析した。

（とにもかくにも、いまは首都を覆う暗い空気を一掃することが急務だ。でないと）

俺のクビも危ない、とリンカーンは口をへの字に曲げたまま天井を見あげた。

敗戦翌日の一八六一年七月二二日、リンカーンは老スコットを介して、ひとりの人物をワシントンに呼び寄せている。ウェストポイント陸軍士官学校の俊英にして、アメリカ＝メキシコ戦争〔一八四六～四八年。国境紛争を契機に勃発。アメリカはニューメキシコ、カリフォルニアを獲得〕でも勇名を馳せたジョージ・マックリーランである。一八二六年生まれで、このとき三四歳。

じつは第一次ブルラン会戦の三ヵ月前、四月一四日にオハイオ州義勇軍少将を拝命したマックリーランは、六月二日のフィリッピ会戦、七月一一～一四日のリッチマウンテン＝キャリック要塞攻防戦に勝利してヴァージニア州北西部地域を解放するとともに、ＣＳＡ軍兵士一〇〇〇を捕虜にしている。

この華々しい戦果が、皮肉にもＵＳＡ側に驕(おご)りを生みだし、「リッチモンド進撃」の気運を高めたのだが、緒戦は惨めな敗北に終わった。

（ここはひとつ、勝ち運に乗る若き将軍を起用して、意気消沈した我が国民をもう一度奮い立たせ、厭戦(えんせん)気分を吹き払おう）

リンカーンがそんな期待を寄せたマックリーランは、七月二四日、ワシントンに到着した。

新聞各紙が「ナポレオンの再来」と絶賛するこの奇才は、首都防衛の主力ポトマック流域軍の司令官を拝命、老スコットに次ぐ陸軍第二位(ナンバーツー)の地位に就く。

なお、リンカーンはマクダウェルをポトマック流域軍の一軍団司令官に降格させている。いうまでもなく、敗戦の責任をとらせるためだ。その主因となる指令違反を犯したパターソンは、すでに会戦の二日前に罷免されていた。最高司令官として信賞必罰を明確にし、文民統制〈civilian control of military〉の原則を貫く揺るぎない意志を、リンカーンは政府閣僚および軍部に知らしめたのである。

かたや大抜擢(だいばってき)を受けたマックリーランは、ナポレオンにも比せられた軍隊オルガナイザーの才を遺憾なく発揮する。威厳漂う端正な容貌、ナポレオン・ボナパルト〈Bonaparte, Napoléon〉にも似た小柄な体軀——このふたつの外観に、兵士たちは強烈なカリスマを感じた。

マックリーランはまず、軍隊経験が皆無の農村出身者や入国まもない移民も混じる志願兵の群れを、猛訓練と待遇改善の巧みな使い分けによって、一人前の兵士へと鍛えあげる。

「尻が青いなどとは、金輪際いわせないぞ」

精悍な表情に変わった兵士たちの士気は旺盛。彼らのマックリーランに対する心酔ぶりは尋常でなく、いつしか敬愛の念を込めてみずからの将を「リトルマック」と呼ぶようになった。

兵の心を摑んだマックリーランは、つぎに大規模な軍組織を維持すべく、六五名の幕僚から成る参謀本部を設置し、兵站補給局にも七〇〇〇以上の民間局員を配置している。この斬新な組織改革によって、ポトマック流域軍は戦史上初めて、国力の総動員が必要な総力戦にも耐えうるライン＝スタッフ型の統制機構を備えることとなった。

そして、その神経系統に選ばれたのが電信である。じつは二九歳のときにマックリーランは、中近東およびバルカン半島の支配権をめぐって勃発したクリミア戦争〔一八五三〜五六年〕に観戦武官として参加している。

そこで目にしたのは、ロシアに対峙したオスマン帝国・イギリス・フランスの連合軍が黒海沿岸のヴァルナに通信専門部隊を派遣し、電信をもちいて友軍の司令部同士を接続、戦線に分散した軍単位を有機的に連係させる光景——これに深い感銘を受けたマックリーランは、軍単位間で情報を迅速に共有できる野戦型情報通信網の重要性を復命書にまとめた。

（時機こそ来たれり!!）

マックリーランは、ポトマック流域軍において、これまで温めてきた構想を実行に移す。

最初に手がけたのが、大人数の将兵を養う兵站補給の領域である。軍務省↕参謀本部↕兵站補給局のあいだを電信でつなぎ、実戦に必要な弾薬・食糧・衣類を過不足なく兵員に供給するシステムを構築した。

リンカーンもまた、ポトマック流域軍の兵站調達について、マックリーランの要求を全て満たすよう関係部署に指示している。その結果、大軍勢につきものの物資不足に起因する士気の低下を、最小限に抑えることができた。

これを土台として、マックリーランは電信網をポトマック流域軍内にもくまなく巡らせる。参謀本部↕各軍司令官といった戦略策定レベルはいうにおよばず、実戦部隊の将校間という戦術遂行レベルも電信でつなぐことによって、あらゆる軍事行動に必要な情報を迅速に交信できる通信網(ネットワーク)を敷いたのである。

(これで我が軍は、ひとつの巨大な生命体のように、進退自在となるだろう)

マックリーランは密かに自負したが、そこには克服すべき大きな課題もあった。それは、戦場において生命の危険を顧みず、電柱を建て並べ、電線を張り巡らし、電信局を設置するのは誰なのか、そして、そこで電信機材を操作して軍事情報伝達の任務を果たすのは誰なのか、ということだ。

ワシントンではペン鉄道から招聘されたカーネギーがUSMTCsを組織し、図版12のごとく、主要な軍施設に電信技能者を派遣していた。だが、それはカーネギーの裁量による急ごしらえの組織にすぎず、政府予算すら確保できてはいなかった。

（俺が自分でやってやる。野戦電信網はあくまでも軍隊のものだ。最高司令官とはいえ、素人のリンカーンに軍の指揮をとやかくいわれる筋合いはない。あいつはこちらが要求するものを揃えてくれればいい）

マックリーランは、いささかの悪意を以て、そう決意する。

じつは彼とリンカーンとのあいだには因縁があった。クリミア戦争視察後に連邦陸軍を退役したマックリーランは、イリノイ・セントラル鉄道会社の副社長に招かれる。折しも同社の顧問弁護士を務めていたのがリンカーンである。

郡〈county〉が鉄道会社に対して課税権を持つか否かを争う「イリノイ・セントラル鉄道会社対マクリーン郡」事件を担当したリンカーンは、会社側を勝利に導いたが、その報酬として五〇〇〇ドルという法外な弁護料を要求。会社側が支払いを渋ると、リンカーンは訴訟を起こしてその全額を懐に納めた。

それから数年を経て、「金に汚い弁護士」は合衆国大統領となり、最高司令官として自分の風上に立つ。マックリーランはポトマック流域軍司令官の拝命から解任にいたるまでの二年間、リンカーンを鼻であしらう態度に終始するが、その心底にはイリノイ・セントラル鉄道時代の苦々しい記憶が沈殿していたのではないか。

余談はさておき、マックリーランには、本格的な野戦電信網を独自に構築する成算があった。オハイオ州義勇軍司令官を拝命した二日後の四月一六日、彼は同州知事ウィリウム・デニソンの紹介で、ある人物をシンシナティ司令部に招いている。

ＡＴＣと並ぶ電信最大手ウェスタン・ユニオン電信会社〈Western Union Telegraph Company：以下、ＷＵＴＣ〉のクリーヴランド支局総支配人アンソン・ステーガー〈Anson Stager：図版13〉である。

一八二五年四月二〇日、オランダ移民の三世としてニューヨーク州オンタリオ郡に生まれたステーガーは、一六歳で同州ローチェスターの地方紙『アドバタイザー』の植字工見習いとなる。やがて『デイリー・アメリカン』紙の植字工を経て、二一歳のときに電信事業の先駆者ヘンリー・オライリーが経営するロチェスター・デイリー広告印刷会社に電信士見習いとして入社した。

図版 13　アンソン・ステーガー

以降、瞬く間に電信士として頭角を現わし、オライリーが開設したフィラデルフィア↕ハリスバーグ電信線路のランカスター電信局長に就任したのを皮切りに、オハイオ州シンシナティの政府管轄電信線路の総監督官に抜擢される。そして、ニューヨーク・ミズーリ渓谷電信会社の初代総支配人を経て、一八五六年四月一日のWUTC創設にともない、同社クリーヴランド支局総支配人となった。

USAとCSAが戦端を開くや、デニソンはステーガーにオハイオ州南部域内を巡る電信線路の厳重な取締りと、イリノイ、インディアナ両州知事との直通電信線の架設を依頼した。ステーガーはそれに応えて、三知事間での機密保持(セキュリティ)を実現すべく、独自の暗号電信法も考案する。

(この人物は、俺の野戦電信構想の完成にとって、是が非でも必要だ)

そう考えたマックリーランは、五月二七日、改めてステーガーと会見。漸次拡張を遂げる見込みの戦線にあっても、大軍勢の有機的な連係を可能にする野戦電信網の構築を依頼した。

これはカーネギーのUSMTCs設立よりも数日早い。いみじくも、USAの軍用情報通信システムの整備は、軍務省とポトマック流域軍司令部において、ほぼ同時にはじまっていたことになる。

II　USMTCsの本格始動

――北部実業家の力量――

人体の筋肉は、それを閃き通る神経がなければ、生命のない肉塊となるように、ワットとスティーヴンソンの発明が人類に授けた翼筋も、指揮する者の意志が、電線という神経を介して、傲然とその翼筋に閃かねば、ただ半分の飛翔力すら発揮できないであろう。

——ドイツ人鉄道技師マックス・フォン・ヴェーバーの言葉

ステーガーの招聘

ＣＳＡ軍によるサムター要塞砲撃で内戦の火蓋（ひぶた）が切られたとき、ＵＳＡ軍には専属の電信士はおろか、通信将校、通信兵も十分にはいなかった。カーネギーが民間の電信技能者を駆り集めて急きょ結成したＵＳＭＴＣｓも、ありていにいえば、彼個人の裁量にもとづく自前組織にすぎない。

――軍独自の通信部隊がないのは、なにかと不都合だ。

そう考えた軍務省は、一八六一年六月二一日、アルバート・マイヤー〈Myer, Albert J〉少佐に連邦陸軍信号隊〈United States Signal Corps：以下、ＵＳＳＣｓ。図版14〉の創設を命じている。詳細については後述するが、ＵＳＳＣｓはマイヤーがモールス符号にヒントをえて考案した旗振り信号法を使う野戦伝令組織であったが、広範な戦線に展開する軍単位間での迅速な情報交換をになうには甚だ力不足であった。

ＣＳＡ領内への侵攻にともなう戦線の拡張を睨むと、ＵＳＡ軍にとってはＵＳＳＣｓよりもＵＳＭＴＣｓのほうが軍用情報通信組織にはふさわしいと思われたが、ここで予期せぬ事態が

図版 14　ジョージタウン駐屯地の陸軍信号隊
（国旗右側の平服がアルバート・マイヤー）

発生する。第一次ブルラン会戦後も鉄道・電信網の整備に奔走していたカーネギーが、ヴァージニア戦線で重い日射病に罹（かか）り、軍務からの離脱を余儀なくされたのだ。

　リンカーンとキャメロン、そしてカーネギーの上司スコットが頭を抱えていたとき、救いの手を差し伸べたのが、クリーヴランドの名士アマーザ・ストーン〈Stone, Amasa〉。鉄道事業で財を成し、WUTC取締役も務めていた。その彼がかねてからの知己であったキャメロンに、カーネギーの後釜としてステーガーを推挙したのである。

「あのマックリーランが手放すか

な？」

キャメロンはむずかしい表情を浮かべた。

オハイオ州内におけるステーガーの働きは、すでにリンカーンをはじめとするワシントン閣僚の耳にも入っている。暗号電信法の天才にして、電信事業全般に精通し、洞察力と組織統率力に優れ、情熱と冷静さを兼備した人格者である、と……。

「こちらとしては、願ったり叶ったりの人選には違いないが」

躊躇（ためら）い気味のキャメロンに対して、ステーガーは、

「ワシントンに乞われれば、ステーガーは一も二もなく馳せ参じるよ」

と励ますような口調で答えた。

かくして、一八六一年一〇月一六日、トーマス・スコットの名で「至急ワシントンに来られたし」との電報がステーガー宛てに送られる。

（やはり来たか）

電報を見たステーガーは、助手のW・G・フラー〈Fuller, W. G.〉陸軍大尉を呼んだ。

「ワシントンからお招きがあったよ」

ステーガーの言葉に、ポトマック流域軍用の電信架設を担当するフラーは、

「電信部隊の件ですか？」

と訊ねた。

「そのようだ。差出人が『軍務長官補佐トーマス・スコット』になっているからね」

「どうなさいますか?」

「もちろん行くさ。ワシントンが落ちれば、一巻の終わりだからな」

あとは頼むよ、とステーガーはフラーに片目をつむってみせた。

一〇日後の一〇月二六日、ステーガーは軍務省に出頭、事前に作成した『軍務長官の指揮下に置かれるべき軍事行政用電信機関の設置草案』〔以下、『ステーガー草案』〕をスコットに提出する。その骨子は以下のとおり。

①軍務長官に直属する軍用電信総監〈General Manager〉を任命し、これに軍事行政用電信網の敷設・維持・管理に必要な全資材を購入・輸送・分配する権限を付与すること。
②軍用電信総監は各軍管区あるいは各軍部隊〈military district or department〉に配属される総監補佐〈assistant〉を任命し、軍事行政用電信業務に従事する電信士〈operators〉、修理工〈repairers〉、敷設工〈builders〉、その他の要員を選抜する権限を持つこと。
③軍用電信総監は軍務長官の承認をえたうえで、緊急時や公益上の必要に応じて、業務等級〈grades〉と賃金〈pay〉を設定する権限を持つこと。
④軍用電信総監は軍務長官の承認をえたうえで、特別な必要のある場合や緊急時における電信線ならびに電信局の使用を、電信各社に求める権限を持つこと。

⑤各職種の月給額をつぎのように定める。

総監補佐〈Assistant Manager〉　一〇〇～一七五ドル
主任電信士〈Chief Operator〉　六〇～七〇ドル
副電信士〈Assistant Operator〉　四〇～六〇ドル
敷設工長〈Foreman of Construction〉　五〇～七〇ドル
修理工〈Repairers〉　四五～五五ドル
架線工〈Wire Men〉　四〇～四五ドル
補助作業員〈Laborers〉　三〇～四〇ドル
電報配達員〈Messengers〉　一五～二〇ドル

一読したあと、スコットは④に「緊急時において軍用電信総監は、公益に必要と判断される全ての電信線路の所有権を有する」との付帯条項を添えて、一〇月二八日リンカーンに提出した。同日、リンカーンは「仔細に検討する時間なし。軍務長官の意向にしたがう」と返答している。

これを受けて、キャメロンは『ステーガー草案』を正式に承認、一一月一一日にステーガーを陸軍大尉兼補給局長補佐に任命したうえで、一一月二五日発令の特別命令第三一三号によって正式に軍用電信総監（以下、電信総監）とした。なお、これと時を同じくして、カーネギーは断腸の念でワシントンを去り、ペン鉄道勤務にもどっている。

（なるほど。このタイミングで、この人事とは……）

軍務省の動きから、ステーガーはその背後にリンカーンの意図を感じた。

ステーガーがわずかな時間で観察したリンカーンは、鋭い論理的思考と冷徹な政治感覚を、独特のユーモアとウィットで包みこんだ、一筋縄ではいかぬ国家指導者であった。

（これはまさに最高司令官の器量ではないか）

とステーガーは、皺の寄った黒い背広を無造作にまとった痩身の大男を、冷静に値踏みした。

（マックリーランは、この大統領を見誤ったか……）

イリノイ・セントラル鉄道時代の経緯もあってか、マックリーランはしばしばリンカーンを「間抜け」などと揶揄し、その軍事上の資質と判断力を全く信頼していなかった。

一一月一日には、老スコットが引退し、マックリーランが総司令官を継いだ。それからほどなくステーガーはマックリーラン指揮下から切り離され、軍務省直属の地位＝補給局大尉を拝命することになった。

この人事についてステーガーは、

（大統領は電信網をみずからの掌中に置くことで、各方面軍司令官の勝手な行動を抑え、ともすれば烏合の衆に堕しかねない軍組織の統制を図ろうとしている）

と解釈した。同時に、ブルランとボールズブラフでの敗北が「苦い薬」になったのか、とも忖度（そんたく）する。

去る一〇月二一日、マックリーランが敵情偵察を兼ねて派遣したポトマック流域軍数千は、ポトマック川南岸のボールズブラフでＣＳＡ軍と交戦、壊滅的な敗北を喫していた。

そして、同日夕方、現地からマックリーラン司令部に届いた緊急電文は、リンカーンを悲しみの奈落に突き落とす。それは弁護士時代からの無二の親友エドワード・ベイカー〈Baker, Edward〉大佐がボールズブラフで戦死したことを伝えるものであった。

最新報告を求めてラファイエット広場の一角に面したマックリーラン司令部の電信室に立ち寄った際、リンカーンは偶然その電文を発見する。さしもの沈着冷静なこの男も、衝撃のあまり、よろけながらその場を去り、街路にでたところで躓（つま）きそうになったという。

この事件を伝え聞いたステーガーは、

（マックリーランは存外）

戦下手（いくさべた）ではないのか、と勘繰（かんぐ）った。ならば、なおさらのこと、

（カーネギーという若者の置き土産であるＵＳＭＴＣｓを、私の手で本格的に再編せねばなるまい。軍務省に陣取る最高司令官（リンカーン）がＵＳＡ全軍をしっかりと統制できるように）

とも思った。

こうしてワシントンに赴いたステーガーは、事に臨んではその完遂のために旧習や評判や地

位を歯牙にもかけぬ、大胆な運用の神経を発揮していく。それは文字どおり、実利を重んじた現実主義と自律主義を信条とするオランダ人の末裔（まつえい）の面目躍如たるものであった。

（現場の将軍たちには、いささか不愉快な思いをしてもらわねばならないが……）

ステーガーは、傲岸な自尊心を軍才の薄皮で辛うじて包み込んだマックリーランの端正な表情を思い浮かべて、小さく首を振った。が、その両眼は燃えるように光っている。

――ＵＳＭＴＣｓは民間人を以て構成する。そして、隊員はいかなる軍令にも服さず、軍務省直属の電信総監たる私の命令にのみ従うものとする。

ステーガーがＵＳＭＴＣｓの基本方針をそう定めたとき、戦史上でも比類なきユニークさを持つ技能者集団の活躍劇が静かに幕を開けた。

鬼謀の人スコット

日射病の後遺症で軍務を離れたカーネギーの後釜にステーガーを据える際、鋭い人物眼に裏打ちされた人事手腕を発揮したのが、トーマス・スコットである。

状況判断の的確さにかけては、ステーガーに負けず劣らずのスコットは、

（アンディには申し訳ないが、これを奇貨として、ＵＳＡ全軍に対するワシントンの統制力を

強めねばならない）

と素早く気持ちを切り替えた。

まず、なによりも、カーネギーが創設したＵＳＭＴＣｓを軍務省の主導で整備拡充していくには、電信最大手ＷＵＴＣの力を借りるに如かず、という現実があった。開戦時点において同社は、モールス符号の送受信にあたる電信士や、電信施設の建設・保守をになう技能工の雇用人数、さらには所有電信線路の総延長距離で、業界第一位を誇っていた。

さきほど紹介したように、スコットが『ステーガー草案』に「緊急時において軍用電信総監は、公益に必要と判断される全ての電信線路の所有権を有する」という一節を追加したのは、いうまでもなく、こうした現実を念頭に置いてのことである。

図版 15　エドワード・サンフォード

しばらくして、スコットはＷＵＴＣの競争相手であるＡＴＣ社長サンフォード〔図版15〕を軍務省に招聘し、軍用電信監察官に任命するのだが、これもまた「餅は餅屋に」というきわめて合理的な論理にもとづくものだ。

付言すると、ＣＳＡも軍用電信士を民間の電信会社から募集したが、南部諸州にはＷＵＴＣやＡＴＣのような大規模な電信会社がなく、供給源としては限界があった。しかも、ＣＳＡは電信士を兵役免除対象職としていたために、給与の安い軍用電信士を志願する者はほとんどいなかったのである。

話をもどせば、スコットがさらに手腕の冴えを見せたのは、さきほども述べたように、ステーガーを補給局大尉に任命して、軍務省直属の身分を付与することで、マックリーランの指揮命令系統から切り離したことである。

無論、この措置はキャメロン軍務長官の名で執行されたが、その背後にはリンカーンの意図を察したスコットの判断があった。彼はマックリーランの人間性に、ある種の危惧を抱いていたのだ。

ひと言でいうと唯我独尊、自身の才能を鼻にかけ、その反作用として他人を必要以上に見下す。就中（なかんずく）、因縁のあるリンカーンに対しては、それが露骨に表れた。

さきにふれたが、ボールズブラフでポトマック流域軍偵察隊が壊滅した日、軍務省に全く戦況報告が届かないことを疑問に思ったリンカーンは、マックリーラン司令部に直接足を運んでいる。

このとき、マックリーランは不在であったが、のちに電信本部長となるトーマス・エッカート〈Eckert, Thomas：図版16〉大尉が留守を預かっていた。

「前線からの報告は届いていないのかね？」

とリンカーンに訊ねられたエッカートは咄嗟（とっさ）に、

「いいえ。まだであります」

と返答した。

（まずい……）

エッカートはマックリーランから「軍事情報は誰にも洩らすな。たとえ大統領（リンカーン）といえども」

と厳命されていたのである。

が、リンカーンはエッカートの表情に浮かんだ微かな困惑を見逃さなかった。あっと思ったときには、痩身の長軀がエッカートの横をすり抜ける。マックリーランの部屋に入ったリンカーンは、デスクのうえに一通の電文を見つけた。

図版16　トーマス・エッカート

「敵軍と交戦、甚大な被害」

一読したリンカーンは表情を変えず、ドアのまえに立ち尽くすエッカートに、

「なぜ私に見せなかったのかね？」

と質（ただ）した。穏やかな口調であったが、エッカートはすっかり恐縮し、

「急にお見えになりましたので、つい慌てて失念いたしておりました。じつは電文の写しは、こちらの吸取紙の下にございまして……」

とバツの悪い弁解をする。

「おやおや、それはまことに失礼しましたな」

とリンカーンは皮肉な笑みを浮かべながら、エッカートに詫びた――

このあとリンカーンは　ベイカー大佐の戦死を伝える電文に接するのだが、この事件を耳にしたスコットは、

（マックリーランは、ワシントンの命令には絶対に服さない）

と確信した。ワシントンとはすなわち、大統領兼最高司令官リンカーンのことである。

（このままマックリーランに全軍の指揮を委ね続ければ、必ずやＵＳＡの存亡にかかわる大事が起きるだろう）

後日のことになるが、スコットの予感は的中した。マックリーランは軍制の近代化に非凡な才を発揮したものの、実戦においては優柔不断な慎重居士であり、みずからが組織した大軍勢を使いこなせず、戦争を膠着状態に陥らせる。一八六二年一一月五日、我慢の限界に達したリンカーンはマックリーランを解任、二度と起用することはなかった。

スコットは、並はずれてこの種のことが見える男であった。ステーガーの招聘と任官人事の裏には、最高司令官たるリンカーンの命令に服さないマックリーランの独走に歯止めをかける、という意図も潜んでいたのである。

（噂に違わぬ切れ者だな）

ステーガーは「鉄道経営の天才」と称されるスコットの人事手腕に感嘆した。（それではご期待に応えて、こちらも遠慮なく電信総監としての権限を使わせていただこう）自身を電信総監に任命した一一月二五日発令の特別命令第三一三号に、ステーガーは左の文言を入れるよう、スコットに依頼している。

――ステーガー大尉および各方面軍に属する総監補の要請に応じて、方面軍司令官は戦場での電信業務に従事する雇員に対し、その他の政府職員と同じように、食糧と野営用テントの配給をおこなうこと。同時に、司令官はＵＳＭＴＣｓが活動する地域での電信架設・補修に必要な支援を提供すること。

ここにＵＳＭＴＣｓはＵＳＡ軍の正式な情報通信組織に生まれ変わったのだが、その裏には有事ならではの高度な政治判断が働いていた。それはＵＳＭＴＣｓ隊員の所属と身分に具現されている。

すなわち、ＵＳＭＴＣｓは軍務省直属の特殊部隊にして、その隊員は民間人身分のまま、電信総監の指揮命令にのみ服するという、いわば超軍規的な存在として各方面軍に配属されたのである。

しかも、電信総監のステーガー自身、任官辞令を受けたものの、その実体は民間企業人のままであった。ワシントン首脳部は、軍用情報通信体制の構築に際して、ＷＵＴＣをはじめとする電信大手の全面的な協力を必要としており、ステーガーにはその橋渡しを期待していた。

このように産業資本の協力を積極的に仰ぐというワシントン政府の戦略は、一八六二年一月一五日に軍務長官を拝命したエドウィン・スタントン〈Stanton, Edwin M：図版17〉の手でいっそう推しすすめられる。彼はリンカーンと同じく弁護士の出身で、汚職事件で罷免された前任者キャメロンの法律顧問を務めていた。

その性格（キャラクター）は、陰気で不作法で毒舌家、事務の遅滞をいっさい許さず、下僚にことさら厳格であった。ゆえに、接した人間のほぼ全て、とくに軍人からは忌み嫌われた。それにもかかわらず、潔白な人柄と決断力と組織運営の才によって、スタントンはリンカーンにとって無二の腹心となる。

「どんなに大きな叛乱の波が襲いかかってきても、それを粉砕してくれる巨岩が、スタントンという男だ。彼がいてくれないと、私のほうが無残に粉砕されるだろう」

という賛辞を、リンカーンはスタントンに贈っている。

そんな有能な仕事人の働きかけで、二月四日には連邦議会下院が、民間の鉄道・電信施設を必要に応じて接収できる権限を大統領に付与する。

その背後には、民間の鉄道・電信会社が戦争遂行に誠実で効果的な協力を惜しまぬ限り、ワシントン政府はその事業経営に干渉しないが、軍事にかかわる任務を果たせない場合、政府の管轄で電信線路・鉄道路線の運営をおこなう、という飴（あめ）と鞭（むち）の含みがあった。

この措置にともなって、二月二五日にステーガーは「連邦領内の全電信線路・電信局の軍務総監〈Military superintendent of all telegraph-lines and offices in the United States〉を拝命し、翌日大佐に昇任している。

「これで君は私の副官になったわけだ」

スタントンはステーガーにそう耳打ちした。

続く四月八日発令の総戦命令第三八号によって、ステーガーは「兵站補給局長補佐兼連邦領内全土の電信線路の軍務総監〈assistant quartermaster and military superintendent of telegraph-lines throughout the United States〉」に任命された。

図版 17　エドウィン・スタントン

「さて、ワシントンもようやく戦闘態勢が整った。最高司令官閣下も、将軍たちの手綱をしっかりと握ったのだから」

というスタントンの言葉に、ステーガーはうなずきながらも、

（マックリーランも気の毒なことではある）

と、かつての上司の心情を慮（おもんぱか）った。

じつは右記の人事と併行して、スタントンはもう一件の人事を二月に断行している。

それは、ポトマック流域軍司令部でマック

リーランを補佐していたエッカートを陸軍少佐に任命し、ステーガーの配下として電信本部長に据えたことである。

——今後の戦線拡大を睨んで、西部・南西部方面の戦略拠点オハイオ州クリーヴランドとワシントンを頻繁に往復せねばならないステーガーの負担を軽減するため。

というのが表むきの理由であったが、その裏には腹心を引き抜くことで、マックリーランに対するワシントンの影響力を強めようという意図があった。

しかしながら、この人事をスタントンに持ちかけたのは、おそらくスコットであろう。彼はエッカートと旧知の間柄であった。戦争勃発時にＣＳＡ領サウスカロライナ州の金採掘会社から出奔したエッカートを、大尉としてポトマック流域軍に配属したのは、ほかでもない、スコットなのだ。

青年時代から電信士として腕を磨き、幾つかの電信会社を渡り歩いてきたこと、そして、その実務能力が非凡であることを見込んでの人事であった。旧友の期待どおり、エッカートはマックリーランの有能な秘書官となり、ポトマック流域軍の電信業務のいっさいを取り仕切るようになる。

さきに紹介したが、マックリーラン司令部を訪ねたリンカーンにエッカートが戦場から届いた電文を見せなかったのは、上官の命令を忠実に履行しようとしたからにほかならない。

——ワシントンがマックリーランを統御するために、ポトマック流域軍の情報戦略の核であるエッカートを軍務省の直属とし、そのうえでステーガーとエッカートを中心にＵＳＭＴＣsをＵＳＡ全軍の神経中枢として機能させる。

スコットの人事案を、リンカーンとスタントンも手放しで承認したに相違ない。まさに「一石二鳥である」と。

付言すると、電信本部長に抜擢されたエッカートに会ったリンカーンは、

「本部長殿、本日は吸取紙の下に電文を忘れておられませんか？」

と、悪戯っぽくからかったという。

スタントンはマックリーラン司令部の電信室を、軍務省内にある自身の執務室の隣に移すよう命じた。これを以て軍務省を中心に各方面軍司令部↕各駐屯地↕各要塞をむすぶ情報通信網の基礎が築かれる。ここにスタントンは、マックリーランが専有した野戦電信網を介することなく、軍事関係の全情報を統轄し、リンカーンが名実ともに最高司令官として振る舞える環境を確保したのである。

「これでわざわざ不快な思いをするために、マックリーランのところに足を運ばずともよくなりましたな」

とスタントンはめずらしく笑みを浮かべた。

じつは以前、リンカーンとスタントンがポトマック流域軍司令部を訪ねた際、マックリーランはふたりに会うことなく、床に入るという無礼な態度をとったことがあった。

「まあいいさ。勝ってさえくれるなら、私は将軍の御者でも務めるよ」

とリンカーンは苦笑したが、スタントンはこれを許し難い背反として根に持った。

かたやマックリーランは、軍務省によるあいつぐ引き抜き人事の断行を、自身に対する「侮辱」だとして激怒する。

(ワシントンの間抜けどもは、どれだけ私の邪魔をすれば気が済むのか?!)

既述のように、彼は大軍勢を駆使する際に電信が果たす役割を十分に理解しており、野戦電信網の整備を、最重要の戦略として位置づけていたからだ。

以降、マックリーランはこの人事の責任者たるスタントンと、事あるごとに反目しあう。リンカーンとも不仲だったマックリーランは、ワシントン政府の二大巨頭――最高司令官と軍務長官――との対立関係に入った。これがやがて露呈する自身の戦下手とも相俟って、最終的には解任へとつながる。

マックリーランとの溝が深まるなか、リンカーンは一八六二年一月二七日に大統領一般戦争命令第一号を発し、ジョージ・ワシントン誕生日(二月二二日)を「USA陸海軍がCSAに対して総攻撃を開始する日」に指定。同月三一日には大統領特別戦争命令第一号を発して、因縁の地であるマナッサス・ジャンクションの占領をポトマック流域軍に命じた。

いずれも、「戦争遂行の指揮権は最高司令官たる大統領にある」という文官統治の鉄則をUSA全軍に、とりわけ、マックリーランに知らしめることを意図していた。ボールズブラフでの敗北以降、マックリーランは一一万の大軍勢を擁しながら、「マナッサスに駐屯するＣＳＡ軍の兵力が自軍を凌駕している」と頑なに主張、練兵に明け暮れるばかりで、戦う気配をいっこうに見せなかったからである。

――ポトマック戦線、本日も異状なし。

そんな冗談めいた見出しが、毎日のように、新聞各紙を飾っていた。にもかかわらず、

「マナッサスに進撃せよ」

という大統領命令を嘲笑うかのように、マックリーランは独自のリッチモンド攻略策を提案してきた。

それはポトマック流域軍をチェサピーク湾から船で輸送、ヨーク川とジェームズ川に挟まれたヴァージニア東海岸の半島部に上陸させ、そこからリッチモンドに直接攻めのぼる、という奇襲作戦であった。

たしかに半島の先端にはＵＳＡのモンロー要塞があり、大軍勢の上陸拠点としては持って来いであったが、

――ＣＳＡの虚を衝く。

という意図とは裏腹の、あまりに大がかりな作戦に、リンカーンをはじめ閣僚たちは一様に懐疑的な態度をとった。

（だが、ここでいたずらに日を過ごせば、「独立」を掲げて戦うＣＳＡを利するだけだ）

リンカーンは、最終的に、マックリーランの作戦を承認せざるをえなかった。

かくして、ワシントン誕生日から一週間が経過した三月初め、マックリーランは四四門の大砲、一一五〇台の馬車、一万五〇〇〇頭の馬と騾馬（ラバ）、それに弾薬、食糧、医療器具、電信機材を輸送するために、一一三隻の蒸気船、一八八隻の帆船、八八隻の平底船をチェサピーク湾に集めた。

（ここまで派手に艦隊を組めば、CSA側も気がつくだろうよ）

リンカーンはマックリーランの作戦に対する懸念をさらに深めた。

しかも、一一万の大軍勢が全て半島方面に出払えば、必然的にワシントンの防備は手薄になる。その隙をCSA軍に衝かれれば、致命的な打撃をこうむるに違いない。

（マックリーランは、はたしてそのことを理解しているのか？）

少なくとも、この時点においては、戦争はあくまでも「連邦再統一」を達成するための手段であり、戦争の遂行自体が目的ではない。よって、USAの政治中枢にして統一連邦体制の象徴ともいうべきワシントンがリッチモンドよりもさきに陥落すれば、戦争を遂行する意味そのものが消滅してしまう。

（つまりは、USAの敗北である）

さすがのリンカーンも怖気（おぞけ）を震（ふる）った。

彼はすでに乗船を終えていたマクダウェル軍に急きょ残留を命じる。そして、マックリーランから総司令官の肩書をはずし、ポトマック流域軍司令官に専念するよう求めた。空席となった総司令官の地位は、スタントンが一時預かることとなった。

政府と軍部のあいだに危うい確執を孕(はら)みつつ、南北戦争最初の大規模軍事行動＝半島作戦〈Peninsular Campaign〉がはじまる。これが事実上の初陣となるＵＳＭＴＣｓには、軍務省電信本部↕モンロー要塞↕前線の各司令部をつなぐ電信網の構築という任務が与えられたのである。

陸軍通信部隊の憂鬱

ここで戦場に赴いたＵＳＭＴＣｓの活躍を語るにさきだち、ＵＳＡ軍の情報通信機能をになった、もうひとつの組織についてもふれておきたい。さきほど紹介したＵＳＳＣｓである。

創設者のマイヤー大佐は、青年期に医学を志し、その学費を稼ぐためにニューヨーク、バファロー、アルバーニで電信士として働いた。一八五一年にバファロー医科大学で博士号を取得後、開業医を経て、一八五四年九月一八日に合衆国陸軍の軍医助手となり大尉を拝命した。そして、テキサス州ダンカン要塞で軍医を務めるかたわら、野戦用通信システムにも並々ならぬ関心を抱き、独自の旗振り信号法を考案する。

それは一本の大旗を垂直にかまえる基本姿勢から、左に振れば「1」、右に振れば「2」、正面に降ろせば「3」とし、これら三つの数字の組み合わせで、アルファベットや慣用句を表すというものである。なお、夜間には大旗の代わりに、ランプの灯火が使用された。

この信号法では、12は「A」、1221は「B」、212は「C」、111は「D」というようにアルファベットを〝1〟と〝2〟で、また、3は「単語終わり〈End of Word〉」、33は「文節終わり〈End of Sentence〉」、333は「通信終わり〈End of Message〉」というように特定の決まり事を〝3〟で、それぞれ表した。あきらかに短符と長符から成るモールス符号を援用した方式であり、マイヤーの電信士としての経験が活かされている。

一八五八年に合衆国陸軍は旗振り信号法の実用性を検証する委員会を設立し、翌年マイヤー自身がニューヨーク港で通信実験を催した。このときの成果が認められて、彼は一等通信将校〈Chief Signal Officer〉を拝命し、少佐に昇任している。なお、この委員会の議長を務めたのが、陸軍大佐ロバート・リーであったことは興味深い事実だ。

サムター要塞陥落から約二ヵ月を経た一八六一年六月二一日、マイヤーは軍務省の命令を受けてUSSCsを結成、自身はその指揮官となった。以降、USSCsはUSA軍の正規部隊に編入される。そして、マイヤーは大佐に昇進する一八六三年三月三日まで、マックリーラン率いるポトマック流域軍配属のUSSCs指揮官を務めた。

じつは第一次ブルラン会戦で、CSA軍が操軍に活用した野戦通信法こそ、マイヤーの旗振り信号法にほかならなかった。そして、このとき、大旗を駆使してボーレガード＝ジョンストン連合軍に効果的な連係をもたらした人物が、ニューヨーク港の実験においてマイヤーの助手を務めたエドワード・アレグザンダー〈Alexander, Edward〉大尉。彼もまた、リーがＵＳＡ総司令官の地位を蹴り、故郷ヴァージニアに帰った挙に感動し、ＣＳＡ軍に身を投じた将校のひとりであった。

この皮肉な結果を受けて、マイヤーはただちに旗振り信号法の訓練機関をモンロー要塞に設立し、通信士官を徹底的に鍛え直した。その後、マイヤーの要請で、同様の機関が他のＵＳＡ軍駐屯地にも開設され、それらは最終的にジョージタウン特別区に統合された。ここで訓練を受けた通信士官たちが、ポトマック流域軍をはじめとする各方面軍に配属され、大旗やランプ灯火をもちいた野戦通信業務に従事していく。

ただし、マイヤーの野戦信号法には、ふたつの重大な欠陥があった。ひとつは識別の難しさ。受信に際して大旗の動きを正確に識別するには、望遠鏡をもちいてもなお、並はずれた動体視力と注意力と集中力が必要となる。快晴時にはさほど苦にならないが、天候が崩れて降雨や濃霧になると、信号の読み取りは困難を極める。夜間の灯火信号にいたっては、天候のいかんにかかわらず、読み取りの困難さが大旗の比ではない。

もうひとつの欠陥は、機密保持（セキュリティ）の脆弱さ。大旗にせよ、灯火にせよ、信号送信は眺望の好い高台か、専用の櫓（やぐら）に登っておこなうことから、望遠鏡を使えば敵方も通信内容を傍受できる。

そのために、

「これでは敵にこちらの状況と居場所をわざわざ教えてやるようなものではないか?!」

という批判があちらこちらから聞こえた。これには、発案者のマイヤーも、

(たしかに視覚に訴える信号法は、部隊が広範に展開する戦線では限界がある)

と納得せざるをえなかった。

通信手段の抜本的な見直しをせまられた彼は、一八六二年八月六日、行軍にともなって電信架設していく移動電信馬車団〈Movable Telegraphic Train〉の編成を軍務長官に提案する。

そもそも電信とは、二つの通信基地=電信局〈telegraph office〉のあいだに、木製の支柱=電柱〈pole〉を一定間隔で建て並べ、それらに取りつけたガラス製の絶縁体=碍子(がいし)〈insulator〉に金属製の導線=電線〈wire〉を架け渡し、その両端に電気信号を送受信する端末機〈送信端末装置である電鍵〈morse key〉、受信端末装置である受信機〈receiver〉〉を接続して、電気信号に変換した情報を交換する通信法である。電信局内には、電流を供給する蓄電池〈battery〉と、蓄電池が発する電流量を制御・調整する継電器〈relay〉も設置されている。

つまり、マイヤーの構想した移動電信馬車団とは、右記の機材を敷設・保守する技能工、そして端末機を操作する電信士を搭載した、いわば行軍型移動電信局であった。そして、その目玉として期待されたのが、ニューヨークの電気技師ジョージ・ビアズリー〈Beardslee, George W〉の開発した電磁石式の文字盤型電信機である。

本来、電信機の電源となる蓄電池は、一八三六年に開発されたダニエル電池が主流を占めていた。これは中央に仕切りを設けた高さ六〇センチメートルほどの素焼きの筒状液漕を用意し、その一方に硫酸銅液を、もう一方に硫酸亜鉛液を入れ、陽極として前者に銅板を、陰極として後者に亜鉛板をひたして電気を発生させる、という仕掛けである。

右記の電信機材中で最も重要な装置であるが、その設置には電信局内のかなりの空間(スペース)を割かねばならなかった。だが、ビアズリー電信機は、本体に内蔵された手廻式発電機を電源とするので、持ち運びが可能となる。

(移動式電信にとって最も厄介な問題が、これで解決できる)

とマイヤーは小躍りしたことだろう。

くわえて、ビアズリー電信機は、時計型文字盤に刻したアルファベットと数字に指針をあわせて通信文の送受をおこなうために、モールス符号を暗記し、それを電鍵で的確に打ち分けたり、打電されてきた符号群を正確に解読したりする技能の習得も必要ない。

(通信士官の訓練効率も、これで飛躍的に向上する)

マイヤーの眼には、まさに「一石二鳥を可能にする魔法の機械」と映ったに違いない。

ところが、ビアズリー電信機は、南北戦争中に開発・使用された数々のテクノロジー〔装甲艦や潜水艦、ライフル銃や機関銃、列車搭載による移動砲台、地雷・水雷といった兵器のほかに、気球、写真機、麻酔薬などが含まれる〕のなかで最大の問題児となった。けだし、この機械、「小

図版18　ビアズリー電信機の操作

型なので運搬に便利」・「文字盤式で操作が簡単」という利点を帳消しにする欠陥を抱えていたからである。

まず、手廻式発電機が産みだす電気量はあまりに少なく、通信可能距離は数百メートルが限度であった。しかも、一文字の送受信に数秒を要するので、伝達効率がすこぶる悪い。

さらに、図版18のように、送信側は文字盤を回転させて一文字ずつ送信するために、ときに不注意から文字の二度打ちや飛ばし打ち、あるいは行の抜かし打ちをする。逆に、受信側が送られてきた文字を写し間違えて、貴重な軍事情報を台無しにすることも往々見られた。

このような不備は、おそらく使用後すぐに発覚したと考えられるが、マイヤーはビアズリー電信機を実戦で使い続ける。そこには、USMTCsを廃して、旗振り信号法と移動電信馬車団から成る野戦型情報通信網を、USSCsの統制下で構築しようという野心が潜んでいた。

「通信は軍事の神経であるがゆえに、〔ワシントン軍務省ではなく〕戦場にある軍こそが管轄すべきなり」

と主張するマイヤーには、軍の指揮命令系統外にある民間人部隊＝USMTCsが軍用情報通信業務を担当するなど、受け容れ難い事態だったのである。

こうして、新たな確執が生じた。USSCs対USMTCs、換言すると、マイヤー対ステーガーという……。また、USSCsはマックリーラン率いるポトマック流域軍の管轄下に置かれた。かたやUSMTCsは軍務省直轄の特殊部隊である。とすると、マックリーラン対リンカーン＝スタントンという構図が、ここにも影を落とすこととなる。

ついでながら、一八六〇年国勢調査によると、全米の電信士数は約二〇〇〇、そのうちの一〇〇は女性であった。図版12に記載された電信士を先駆けとして、USMTCsへの徴用が本格化すると、民間の電信・鉄道各社は、女性電信士の雇用を増やしはじめた。

この頃、一般に実施されていた電信士の養成方法は、いわゆる徒弟制〈apprenticeship〉である。「熟練電信士の肘(ひじ)の動きこそが電信技能を習得するための最高の道場〈the only proper place to learn telegraphy is at the elbow of an experienced operator〉」という格言もあり、一人前の電信士をめざす少年少女たちは、一〇代前半から電報配達〈messengers〉や局内書記〈clerks〉をするかたわら、先輩電信士から電鍵の操作や受信文の解読を習い覚える。

こうした徒弟制によって、見習い電信士〈beginning〉から二級電信士〈second-class〉を経て、一分当たり三〇～四〇単語を送受信できる一級電信士〈first-class〉になるには、平均四～五年の職務経験が必要とされた。

電信士の経験があるマイヤーならば、この事実を知らないはずはなかったであろう。だが、南北開戦時、ＵＳＡ軍には通信専門の部隊がなく、必然的に民間の電信・鉄道会社の支援を仰がねば、電信士はおろか敷設工や修理工の調達もできず、ましてや軍が自前で電信網を構築するなど不可能であった。だからこそ、マックリーランはＷＵＴＣのステーガーを、軍務省はペン鉄道のスコットとカーネギーを招聘したのではなかったか。

軍事情報通信をめぐる主導権争いは、当然にも、ステーガー率いるＵＳＭＴＣｓが圧倒的な優位を誇った。劣勢に立たされたマイヤーがこの状況を打破するには、ある種の手品が必要であり、そのタネがビアズリー電信機であった――そう考えれば、いささかつじつまのあわないマイヤーの行動にも、幾許（いくばく）かの同情の余地はあろう。

最終的に、ビアズリー電信機の「使い勝手の悪さ」がマイヤーの焦りを増幅し、みずからをさらなる窮地へと追い込む行動へと走らせるのだが、その顚末（てんまつ）はのちほど述べたい。

ＵＳＡの軍事行動にとって幸いだったのは、このような上層部の確執が戦場におけるＵＳＳＣｓとＵＳＭＴＣｓの関係にさしたる悪影響をおよぼさなかったことであろう。

実際、電信架設が困難な地域では、ＵＳＳＣｓの旗振り信号法が通信文を中継したり、旗振り信号で送られた情報を今度はＵＳＭＴＣｓ隊員が打電したり、ＵＳＳＣｓ馬車団が引いた電線にＵＳＭＴＣｓ隊員が電鍵や受信機を接続して情報の送受をおこなったりする光景も、戦場では日常的に見られたのである。

III

戦場を巡る暗号電文

——最高司令官リンカーンの誕生——

戦争当事者が、予期せざる新事態に当面して、たじろぐことなく不断の闘争を続けてゆくためには、二つの性質が是非とも必要になってくる。すなわち、その一つは理性であって、これはいかなる暗闇の中でも常に内的な光を投げかけ、もって真相のいずれにあるかを発(あば)き出すものである。その二つは勇気であり、この微弱な内的光に頼ってあえて行動を起こそうとするものである。

――クラウゼヴィッツ『戦争論』第一篇第三章「軍事的天才」

軍用電信網の総本山

図版 19　ワシントンの USA 軍務省庁

半島作戦の開始にともない、各方面軍に配属されたＵＳＭＴＣｓ隊員たちも出陣することとなった。彼らを統轄したのが、大統領官邸隣の軍務省庁〔図版19〕内に設けられた電信本部である。

これは当初、カーネギーの事務室にすぎず、日射病によって軍務を離れるまで、彼はここを活動拠点としていた。

「リンカーン大統領はよく軍務省内に置かれた私の事務室を訪れ、私のデスクのそばに座って、電文の到着を待っておられた。ときには気を揉みながら、緊急の情報を待ち焦がれておられる様子であった」

後年、カーネギーはそう振り返っている。

カーネギーからＵＳＭＴＣｓを引き継いだステーガーが

電信総監に就任してまもなく、軍務長官となったスタントンがマックリーラン司令部の電信室を自身の執務室隣に移設、電信本部とする。当初は、ステーガーがそこに陣取り、前線に派遣されたＵＳＭＴＣｓを指揮した。

しかし、ステーガーはＷＵＴＣクリーヴランド支局総支配人として、軍用に供された自社電信線路にも目配りせねばならなかった。あまつさえクリーヴランドは西部・南西部方面の重要な戦略拠点であったことから、みずからがＷＵＴＣで働く敷設工を率いて、電信架設を監督することもしばしば。

そこで、ステーガーの右腕となったエッカートが電信本部長として常駐し、日常業務の全般を管理し、電信監察官を拝命したＡＴＣ社長サンフォードと協力して、全ての軍用電文に対する検閲もおこなったのである。

一八六三年四月、激務によって体調を崩したステーガーが実家のあるクリーヴランドに常駐しながら電信総監の執務をはじめると、電信本部は文字どおりエッカートが守護する聖域(サンクチュアリ)となった。図版20はその間取りを示したものである。

エッカートのもとには、カーネギーがマッカーゴを介して徴用したデヴィッド・ベイツのほかに、チャールズ・ティンカー〈Tinker, Charles A〉、アルバート・チャンドラー〈Chandler, Albert B〉、ジョージ・ボルドウィン〈Baldwin, George W〉、フランク・スチュアート〈Stewart, Frank〉など、ＵＳＭＴＣｓ隊員のなかでも選りすぐりの若手電信士たちが配属される。

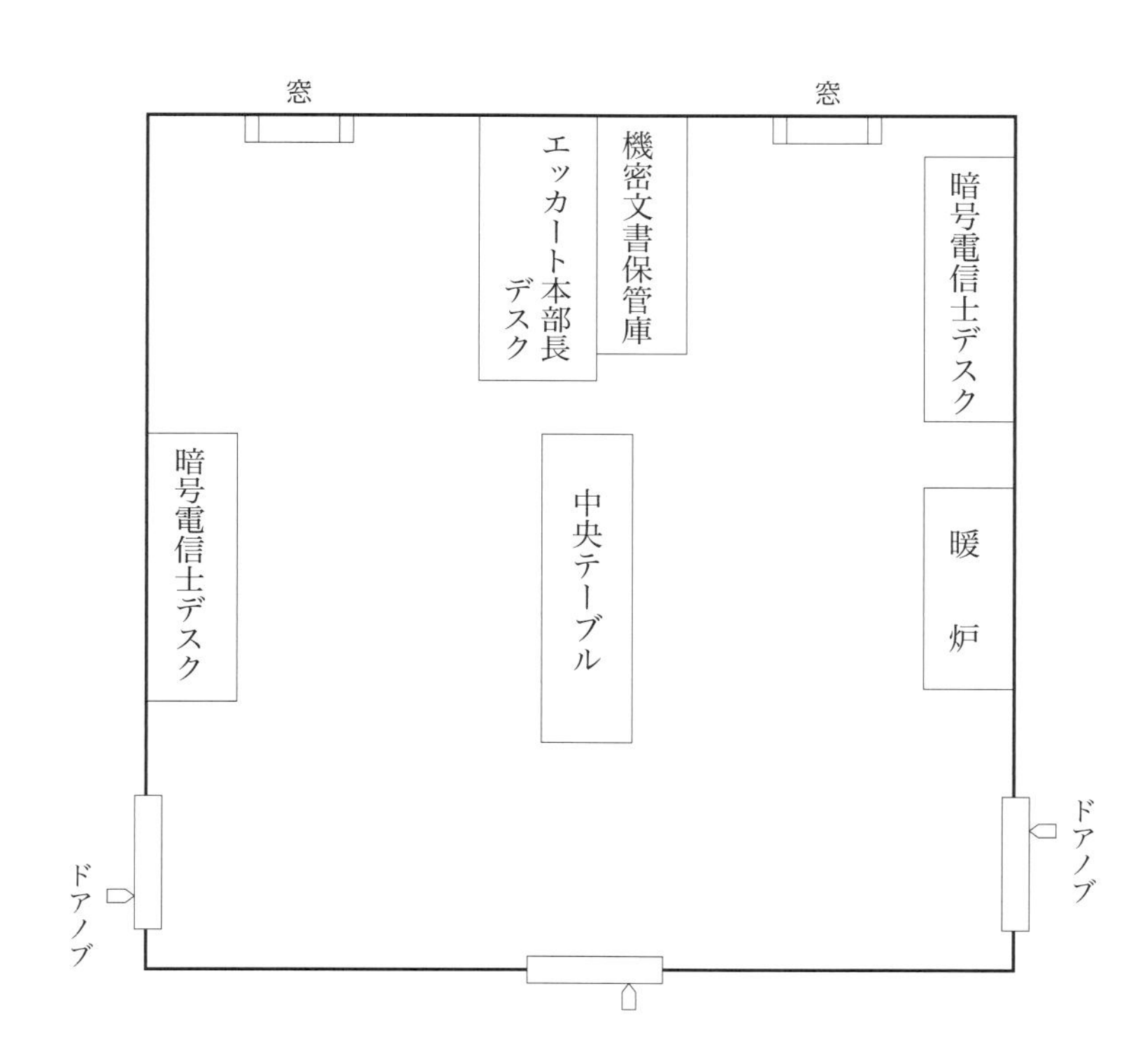

図版 20　軍務省電信本部

やがて戦線の拡張に対応して、連邦軍用電信敷設・保守隊〈United States Military Telegraph Construction Corps：以下、ＵＳＭＴＣＣｓ〉が架設する野戦・軍用電信線もその距離を延ばしていく。終戦直後にステーガーが提出した電信総監報告書によると、電信線は一日平均一二〜一九キロメートルの速度で延伸。一八六一年末に一八〇〇キロメートルだった総延長距離は、一八六五年末には約八倍の一万四七〇〇キロメートルに達していた。そのなかには、総延長距離一一七キロメートルの水底電信線も含まれており、これは一八六八年に敷設される第五次大西洋横断海底電信線の手本にもなった。

電信本部↕各方面軍司令部のあいだで交信される電文数もまた、日を追うごとに増加し、それに対処すべく、本部詰めのＵＳＭＴＣｓ隊員数は、日勤・夜勤両シフトに合計一二名が配置される。

なかでも「聖なる三人〈the Sacred Three〉」と呼ばれたベイツ、ティンカー、チャンドラーは暗号電文の送受のほかに、ＵＳＭＴＣｓが使用する精緻な暗号コードの作成やＣＳＡ側から入手した暗号文の解読にも従事した。

リンカーンも「聖なる三人」の卓越した技量に全幅の信頼を寄せ、「彼らが暗号業務に没頭しているあいだは、誰も声をかけてはならない」と周囲に厳命したほどである。

エッカートと電信士のほかには、庶務担当としてスタントンの秘書官アルバート・ジョンソン〈Johnson, Albert〉少佐が常駐し、ひとの出入りに目を光らせていた。電信本部にはリンカーンをはじめ閣僚が直接訪れて、戦局を左右しかねない最高機密事項を取りあつかう。絶対に信用できる人間以外、出入りを許してはならないのである。

余談ながら、スティーブン・スピルバーグ製作の映画『リンカーン』〔二〇一二年〕には、この電信本部が頻繁に登場する。リンカーンや南北戦争を題材にしたこれまでの映画やドラマとは段違いの再現度で組まれたセットが見事である。リンカーン〔俳優ダニエル・D・ルイス〕やスタントン〔俳優ブルース・マックギル〕が、電信網を介して前線から送られてくる戦況報告に一喜一憂する場面は必見である。

閑話休題(それはさておき)。

外部の喧騒(けんそう)から遮断された空間において、エッカートのリーダーシップのもと、「聖なる三人」を筆頭に電信士たちは倦(う)むことなく職務に精励した。ただし、USMTCs隊員が電信本部と前線においてどれほど奮闘しても、容易には克服できない制約もあった。電信網は基本的に、CSA領内を迂回して張り巡らされるので、電信本部と各方面軍司令部との交信にかなりの時間を要することも、めずらしくはなかったのである。

一例を示すと、直線距離にすると約一六〇キロメートルの電信本部↕ヴァージニア州モンロー要塞間は、CSA領を迂回するために、左のように合計約四八〇キロメートルにおよぶ経路で電信線を架設した。

ワシントン↕ボルチモア　四八キロメートル
+ボルチモア↕ウィルミントン　九六キロメートル
+ウィルミントン↕ドーバー　六四キロメートル
+ドーバー↕ルイス　五六キロメートル
+ルイス↕ソールズベリ　五六キロメートル
+ソールズベリ↕ケープチャールズ　一二八キロメートル
+ケープチャールズ↕モンロー要塞（水底電信線）　三二キロメートル

その結果、平時ならば、どれほど遅れが生じても二時間程度で済む電信本部↕モンロー要塞間の交信に、最長九時間を要することもあった。

遅延の原因は、迂回経路の問題だけではない。電線の老朽化による絶縁加工の剥げ落ち、電柱の倒壊、継電器の消耗や碍子の破損、そして電線の切断――就中、電線の切断は敵方のCSA軍だけでなく、その断片を形見として家族のもとに送りたいと願うUSA軍兵士の手でもおこなわれた。

しかし、このような障害に遭ってさえ、電信本部↕前線司令部をむすぶ電信網は、軍事行動の規模・迅速性・的確性を飛躍的に高める。ナザニエル・バンクス〈Banks, Nathaniel〉少将は「電気による神経は、国家の心の琴線」と喩えたが、これが奏でる戦場の息遣いを聞こうと、リンカーンやスタントン、半島作戦の頓挫後に総司令官となるヘンリー・ハレック

〈Halleck, Henry〉少将らは電信本部に足繁くかよった。

ある日、リンカーンは電信本部隣に設けられた暗号作業専用室のドアを開けると、

「お邪魔かね？」

と囁くような声で訊いた。

「いいえ。大丈夫です、閣下」

慌てて立ち上がる電信士たちを制したリンカーンは、エッカートが使う椅子にゆっくりと腰を下ろす。

「こいつは命令違反だな」

リンカーンは悪戯っぽく笑った。

――仕事中の暗号電信士には、なんびとも語りかけるべからず。

と厳命したのは、リンカーン自身なのだから……。

ベイツたちも、つい釣られて笑った。その表情には、少年らしいあどけなさも残る。

「私が命令違反を犯すのは」

リンカーンは電信士たちの顔をゆっくりと眺めながら、

「うるさい取り巻き連中から逃げられるからだよ」

と声を潜めるようにいった。

ベイツたちは一瞬呆れたような表情を浮かべるが、すぐに真顔にもどった。

大統領官邸にいると、陳情者や猟官活動家や取巻き連が、引きも切らずに訪ねてくる。ほとんど自分の利害しか眼中にない彼らにも、リンカーンはいつも丁寧に対応した。そのせいか、浅黒く彫りの深い顔には疲労の色が漂い、両眼は深い憂いを湛えている。

「最高司令官である閣下には、命令違反などございません」

チャンドラーの言葉に、リンカーンは目尻に皺を寄せて頭を掻いた――

実際、大統領官邸でのしがらみから解放されたリンカーンは、電信本部という聖域でゆったりとくつろぎながら、ときに絶妙な話術を披露して、電信士や居合わせた閣僚たちをなごませている。

一八六二年春のある夜、電信本部には前線から届いた電報を読むためにスタントンやスコットたちが集まっていた。ティンカーもグラント准将から届いた暗号電文の解読作業に取りかかっていた。

そこに大統領官邸での晩餐会を終えたリンカーンが入ってきた。いつものようにエッカートの椅子に腰掛けると、長い脚をテーブルに載せて、誰にともなく昔話をはじめる。

「まだ私がイリノイで弁護士をしていた頃だった。たしか一八五七年の三月だったと思うが、ペキンのタズウェル・ハウスという裁判所にいく用事があってね」

とリンカーンは天井を見あげながら、穏やかな口調で語る。

ティンカーは解読に夢中で、リンカーンの話は上の空であったが、ふとその耳に、

「いや、どうも、あのときタズウェル・ハウスにいた判事の名前が思いだせなくてね」

という言葉が飛び込んできた。

「閣下、それはバターボウ判事ではありませんか？」

とティンカーはペンを走らせながら答える。

「どうして君は彼のことを知っているのかね？」

リンカーンは驚いた表情でティンカーに訊ねた。

ティンカーはペンを止めて顔をあげると、

「じつは閣下がタズウェル・ハウスにいらっしゃった折、電信室でモールス電信について説明する光栄に与(あずか)ったのが、この私なのです」

と答えた。

普段は沈着冷静なリンカーンも、このときばかりは、

「なんという偶然だ?!　あのときの少年が君だったなんて！　そしていま、お互いここでこうして顔をあわせているなんて！」

と興奮した声をあげる。

その場に居合わせた閣僚たちも、思わぬ再会劇に驚きの表情を浮かべた――

これは合衆国大統領と一介の電信士との奇縁にまつわる逸話(エピソード)というにとどまらず、リンカーンがモールス電信という最新の情報通信技術に抱いていた関心の深さを知る手がかりともな

る。彼はタズウェル・ハウス電信室に勤めていたティンカーに、電信の原理や仕組みの説明を求め、疑問にぶつかると納得がいくまで質問したという。

　このときリンカーンは、電信の持つ有用性と可能性を自分なりに模索していたのではないか？　そして、内戦という危機に国家指導者として対峙せねばならなくなったとき、スコット、カーネギー、ステーガー、エッカートという異才たちを介して、その有用性と可能性を現実の力に変える機会を摑んだのである。

　いまやリンカーンは軍用電信網の総本山＝電信本部に陣取り、南北両軍が踵を接する戦線の状況をほぼ現時点（リアルタイム）で把握しつつ、その情報にもとづいて各方面軍の動きを制御しようとしていた。

　そんなリンカーンの姿を、電信本部において身近に見ていたベイツは、後年、左のように語っている。

「戦時中、電信本部のファイルボックスには、いつも大統領からの簡潔な通信文がぎっしりと詰め込まれていたものだ。多い日には一ダース以上もあったかな。なによりも印象深いのは、それらがほぼ例外なく、大統領自身がお書きになったものであり、誤りや訂正がまことに少なく、表現も適切で読みやすかったことだよ」

　電信を介して「いつも戦況の推移と貴官たちの戦いぶりを見守っているぞ」という意思表示（メッセージ）を発することで、リンカーンは拡張した戦線においてともすれば連係を欠き、功を焦った個人（スタンド）

行動（プレイ）や体面にこだわった保身に走りかねない司令官たちを牽制、以て自身の権限の維持・強化に努めていく。

暗号電信法の開発

さて、電信に限らず、いかなるメディアを使おうとも、軍事情報のやりとりにとって機密保持は絶対の条件である。開戦当初、ＵＳＡは民間の電信・鉄道会社が保有する電信線を野戦・軍用電信に援用したので、ＣＳＡを支持する電信関係者が通信傍受をおこなったり、電文を密かに盗んだりする事態も想定された。

そこで、元文書の暗号化が工夫される。本来、暗号は暗号作成〈cryptography〉と暗号解読〈cryptanalysis〉というふたつの側面を持つ。両者は楯〔守り〕と矛〔攻め〕の関係にあり、この相互作用が技術面での発展を支えてきた。電信の本格的な軍事使用がはじまると、暗号力の差が勝敗の行方を大きく左右する。

南北戦争において暗号による情報伝達の嚆矢（こうし）となったのが、ＵＳＡ軍のジョン・フレモント〈Frémont, John〉少将配下の参謀長アレグザンダー・アズボス〈Asboth, Alexander S〉とグラント准将配下の砲兵隊長グスタフ・ワーグナー〈Wagner, Gustav〉によるハンガリー語での交信。

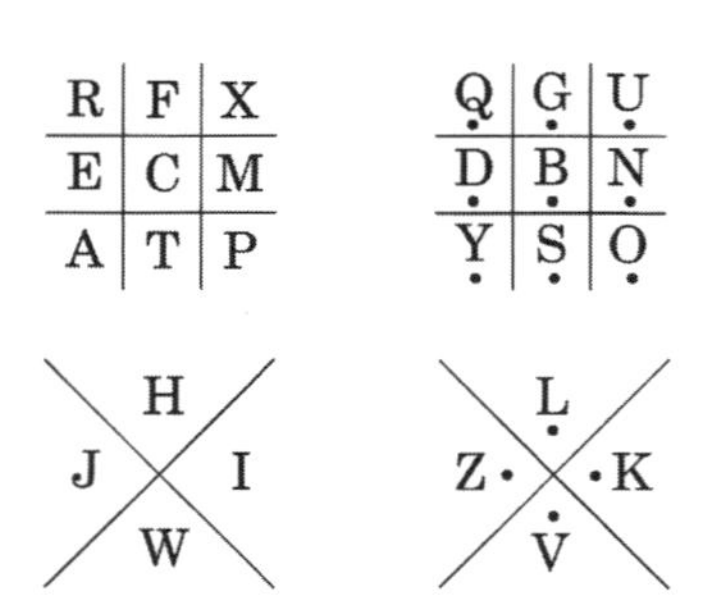

THE ENEMY WILL ATTACK

⇩

図版21　豚小屋暗号

ふたりは生粋のハンガリー人であり、ハンガリー移民が稀少であった一八六〇年代初めには、母国語をそのまま暗号として使用できた。

けれども、友軍にハンガリー語を解する者がいないか、あるいは、敵軍にハンガリー語を解する者がいれば、暗号としてのハンガリー語はその効力をたちどころに喪失する。属人的性格をもつ暗号の場合、その使用範囲は著しく限定され、機密保持の効果も極めて低くなる。

グリーンハウ夫人の逸話でもふれたが、CSA側も暗号を使用した。

最も一般的だったのが、いわゆる豚小屋暗号〈pigpen cipher〉。これは秘密結社フリーメーソンが開発したことから、フリーメーソン暗号とも呼ばれる。アルファベット二六文字を、あらかじめ設定した井枠と×枠の標章に置換する方式だ。

図版21は枠標章にアルファベットを当てはめ、

「敵軍の攻撃があるだろう〈The Enemy will Attack〉」という元文書〈plain〉を暗号化した事例である。

枠標章とアルファベットの組み替えは自在であるが、英語文には必ず使用される

定冠詞の“the”

不定冠詞の“a”“an”

代名詞の“it”“this”“I”“You”

などを手がかりに、組み合わせを特定することもできた。しかも、この方式は、電信での使用が不可能である。

ついで、ヴィックスバーグ方陣システム〈Vicksburg Square System〉も使用された。これは26×26のマトリクスを使う多換字暗号であり、一六世紀中頃に活躍したフランス外交官ブレーズ・ド・ヴィジュネルが開発したことから、ヴィジュネル暗号〈Vigenere Cipher〉とも呼ばれる。図版22がヴィックスバーグ方陣であり、配列の際に二六のアルファベット文字を上列から一文字ずつずらしていることに注目してほしい。これを暗号アルファベットという。

この方陣をもちいて暗号文を作成するには、鍵単語〈key〉が必要となる。ＣＳＡが使用した鍵単語のひとつに「完全勝利〈complete victory〉」がある。

さきほどの「敵軍の攻撃があるだろう」という元文書〈plain〉に、鍵単語を当てはめると、図版23上の配列になる。これを暗号化するには、まず、図版22の太字縦列を下方向にたどって

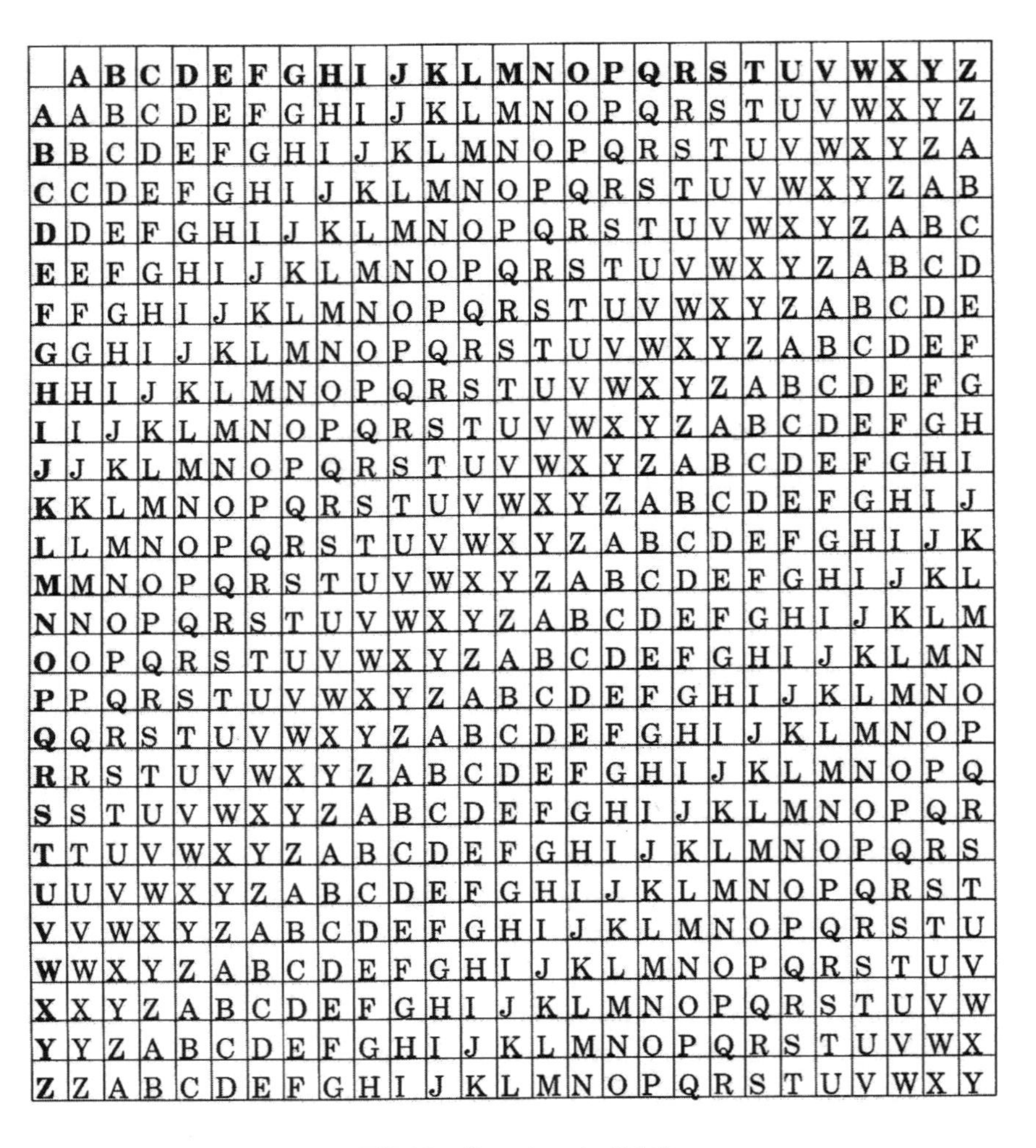

	A	B	C	D	E	F	G	H	I	J	K	L	M	N	O	P	Q	R	S	T	U	V	W	X	Y	Z
A	A	B	C	D	E	F	G	H	I	J	K	L	M	N	O	P	Q	R	S	T	U	V	W	X	Y	Z
B	B	C	D	E	F	G	H	I	J	K	L	M	N	O	P	Q	R	S	T	U	V	W	X	Y	Z	A
C	C	D	E	F	G	H	I	J	K	L	M	N	O	P	Q	R	S	T	U	V	W	X	Y	Z	A	B
D	D	E	F	G	H	I	J	K	L	M	N	O	P	Q	R	S	T	U	V	W	X	Y	Z	A	B	C
E	E	F	G	H	I	J	K	L	M	N	O	P	Q	R	S	T	U	V	W	X	Y	Z	A	B	C	D
F	F	G	H	I	J	K	L	M	N	O	P	Q	R	S	T	U	V	W	X	Y	Z	A	B	C	D	E
G	G	H	I	J	K	L	M	N	O	P	Q	R	S	T	U	V	W	X	Y	Z	A	B	C	D	E	F
H	H	I	J	K	L	M	N	O	P	Q	R	S	T	U	V	W	X	Y	Z	A	B	C	D	E	F	G
I	I	J	K	L	M	N	O	P	Q	R	S	T	U	V	W	X	Y	Z	A	B	C	D	E	F	G	H
J	J	K	L	M	N	O	P	Q	R	S	T	U	V	W	X	Y	Z	A	B	C	D	E	F	G	H	I
K	K	L	M	N	O	P	Q	R	S	T	U	V	W	X	Y	Z	A	B	C	D	E	F	G	H	I	J
L	L	M	N	O	P	Q	R	S	T	U	V	W	X	Y	Z	A	B	C	D	E	F	G	H	I	J	K
M	M	N	O	P	Q	R	S	T	U	V	W	X	Y	Z	A	B	C	D	E	F	G	H	I	J	K	L
N	N	O	P	Q	R	S	T	U	V	W	X	Y	Z	A	B	C	D	E	F	G	H	I	J	K	L	M
O	O	P	Q	R	S	T	U	V	W	X	Y	Z	A	B	C	D	E	F	G	H	I	J	K	L	M	N
P	P	Q	R	S	T	U	V	W	X	Y	Z	A	B	C	D	E	F	G	H	I	J	K	L	M	N	O
Q	Q	R	S	T	U	V	W	X	Y	Z	A	B	C	D	E	F	G	H	I	J	K	L	M	N	O	P
R	R	S	T	U	V	W	X	Y	Z	A	B	C	D	E	F	G	H	I	J	K	L	M	N	O	P	Q
S	S	T	U	V	W	X	Y	Z	A	B	C	D	E	F	G	H	I	J	K	L	M	N	O	P	Q	R
T	T	U	V	W	X	Y	Z	A	B	C	D	E	F	G	H	I	J	K	L	M	N	O	P	Q	R	S
U	U	V	W	X	Y	Z	A	B	C	D	E	F	G	H	I	J	K	L	M	N	O	P	Q	R	S	T
V	V	W	X	Y	Z	A	B	C	D	E	F	G	H	I	J	K	L	M	N	O	P	Q	R	S	T	U
W	W	X	Y	Z	A	B	C	D	E	F	G	H	I	J	K	L	M	N	O	P	Q	R	S	T	U	V
X	X	Y	Z	A	B	C	D	E	F	G	H	I	J	K	L	M	N	O	P	Q	R	S	T	U	V	W
Y	Y	Z	A	B	C	D	E	F	G	H	I	J	K	L	M	N	O	P	Q	R	S	T	U	V	W	X
Z	Z	A	B	C	D	E	F	G	H	I	J	K	L	M	N	O	P	Q	R	S	T	U	V	W	X	Y

図版 22　ヴィックスバーグ方陣

Plain	T	h	e		e	n	e	m	y		w	i	l	l		a	t	t	a	c	k
Key	c	o	m		p	l	e	t	e		v	i	c	t		o	r	y	c	o	m

⇩

Cipher	v	v	q		t	y	i	f	c		r	q	n	e		o	k	r	c	q	w

図版 23　ヴィックスバーグ方陣による暗号化

鍵単語の「C」に達する。ついで、方陣の太字横列を右方向にたどって元文書の「T」に達する。最後に、「C」と「T」の交差する桝目を見ると「V」がある。これが暗号〈cipher〉となる。この作業を元文書の全文字にくり返せば、図版23下の暗号配列が完成する。

解読に際しては「完全勝利」という鍵単語に照らして、太字縦列にある鍵単語「C」の位置から右方向に暗号「V」まですすむと、太字横列に「T」が確認できる。これをくり返すと、最後に「敵軍の攻撃があるだろう」という元文書に復号できるわけだ。

鍵単語は、あらかじめ味方同士で共有しておく。CSAは「完全勝利」のほかに「報いよ来たれ〈Come Retribution〉」、「マンチェスター絶壁〈Manchester Bluff〉」を鍵単語として使用していた。豚小屋暗号よりも複雑な仕組みであるが、CSA側がもちいた鍵単語はこの三つしかなく、あまつさえ平文と暗号文を混在させることも稀ではなかった。

その結果、「聖なる三人」は、元文書に使用されそうな単語＝仮定語を暗号文に当てはめて鍵単語を割りだしたり、暗号文に複数回登場する文字配列から鍵単語を割りだしたりして、入手したCSA側の暗号文をことごとく解読する。

①	元文書を作成する。
②	各単語を暗号電文コード帳〈code book〉に付いている語転置表の別単語に変換し、意味不明の単語羅列を作成する。
③	コード帳に記載された開始語〈commencement word〉が示す順序〈route〉に並べ替えて暗号文書にする。
④	暗号文書を送信する。
⑤	受信側はコード帳を見て、暗号文書の先頭に記された開始語から配列パターンを特定し、それに従って暗号文書の単語を並べ替える。
⑥	コード帳の語転置表をもちいて各単語を元単語に復号し、元文書への解読を完了する。

図版 24　ステーガー暗号電文の作成手順

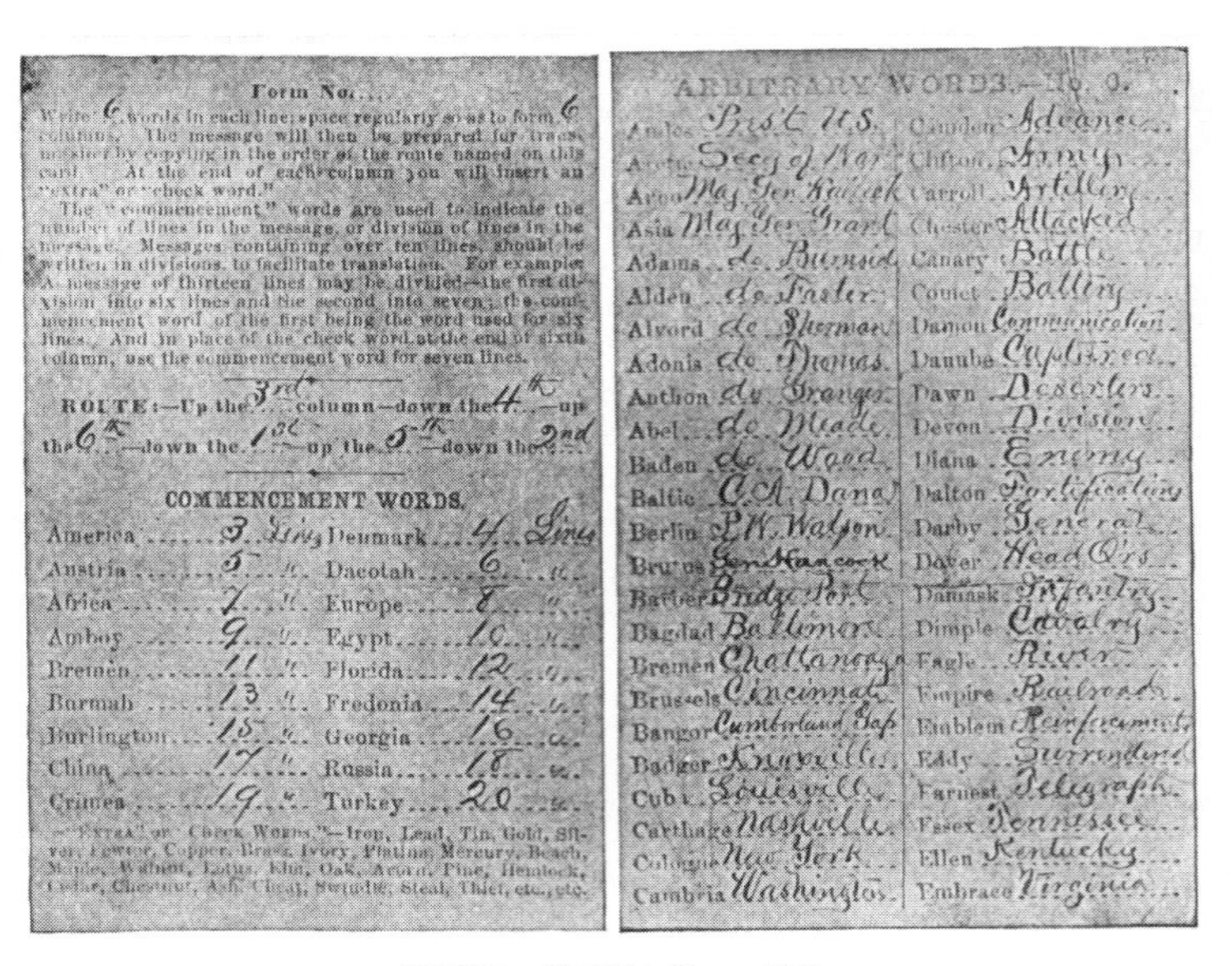

Form No. ...

Write 6 words in each line; space regularly so as to form 6 columns. The message will then be prepared for transmission by copying in the order of the route named on this card. At the end of each column you will insert an "extra" or "check word."

The "commencement" words are used to indicate the number of lines in the message, or division of lines in the message. Messages containing over ten lines, should be written in divisions, to facilitate translation. For example: A message of thirteen lines may be divided—the first division into six lines and the second into seven; the commencement word of the first being the word used for six lines. And in place of the check word at the end of sixth column, use the commencement word for seven lines.

ROUTE:—Up the 3rd column—down the 4th—up the 6th—down the 1st—up the 5th—down the 2nd

COMMENCEMENT WORDS.

America	3 Lines	Denmark	4 Lines
Austria	5 "	Dacotah	6 "
Africa	7 "	Europe	8 "
Amboy	9 "	Egypt	10 "
Bremen	11 "	Florida	12 "
Burmah	13 "	Fredonia	14 "
Burlington	15 "	Georgia	16 "
China	17 "	Russia	18 "
Crimea	19 "	Turkey	20 "

"Extra" or "Check Words."—Iron, Lead, Tin, Gold, Silver, Pewter, Copper, Brass, Ivory, Platina, Mercury, Beach, Maple, Walnut, Lotus, Elm, Oak, Acorn, Pine, Hemlock, Cedar, Chestnut, Ash, Cheat, Swindle, Steal, Thief, etc., etc.

ARBITRARY WORDS.—No. 0.

[illegible]	Prest U.S.	Camden	Advance
[illegible]	Secy of War	Clifton	Army
[illegible]	Maj Gen Halleck	Carroll	Artillery
Asia	Maj Gen Grant	Chester	Attacked
Adams	do Burnside	Canary	Battle
Alden	do Foster	Comet	Battery
Alvord	do Sherman	Damon	Communication
Adonis	do Thomas	Danube	Captured
Anthon	do Granger	Dawn	Deserters
Abel	do Meade	Devon	Division
Baden	do Wood	Diana	Enemy
Baltic	C.A. Dana	Dalton	Fortification
Berlin	P.H. Watson	Darby	General
Brutus	Gen Hancock	Dover	Head Q'rs
Barber	Bridgeport	Damask	Infantry
Bagdad	Baltimore	Dimple	Cavalry
Bremen	Chattanooga	Eagle	River
Brussels	Cincinnati	Empire	Railroad
Bangor	Cumberland Gap	Emblem	Reinforcements
Badger	Knoxville	Eddy	Surrendered
Cuba	Louisville	Earnest	Telegraph
Carthage	Nashville	Essex	Tennessee
Cologne	New York	Ellen	Kentucky
Cambria	Washington	Embrace	Virginia

図版 25　暗号電文用コード帳

これとは対照的に、ＵＳＡ側の暗号通信は精緻を極めた。いわゆる語転置〈word transposition〉方式を基礎に、元文書を「意味不明の記号の塊」に変換し、「入手しても解読の術なし」とＣＳＡ側に嘆かせた立役者こそ、ステーガーなのである。彼の手になる暗号〈Stager Cipher〉は、図版24にある①～⑥の手順を踏んで、元文書の暗号化と復号をおこなう。

それでは、①～⑥を、グラントがシャーマンに宛てた電文を例にとって説明しよう。ここで配列順序を示す開始語を「議会」＝“congress”とする。まず、グラントがシャーマン宛ての電文の元文書を作成し、ＵＳＭＴＣｓ隊員に手渡す。

隊員は図版25のような暗号電文用コード帳〔以下、コード帳〕を開いて、一〇四頁のように、元文書の各単語を語転置表にある別単語に当てはめ、意味不明の単語羅列を作成。そして、この単語羅列を“congress”という開始語が示す配列順に並べ替えた暗号文に変換し、これをシャーマン軍のＵＳＭＴＣｓ隊員に送信する。

電文を受信した隊員は、一〇五頁のように、“congress”という開始語が示す単語配列をコード帳で確認し、語転置表と照合して単語羅列に変換したあと、元文書に復号し、シャーマンに直接手渡すのである。

ステーガーが「聖なる三人」の協力をえて作成したコード帳は、一～一二番〔うち八、一一番は欠番〕まであり、最終的には配列順が一二ページにわたって記載され、転置語も一六〇八語におよんだ。

元文書

To General Sherman,
Your division will cross the Tennessee River at midnight and advance and attack General Bragg fortifications, then capture Chattanooga. Please advise on wounded, killed, arms, artillery, rations and ammunition.
General Grant, 6 p.m.

General Sherman	BLACK
Division	WHARTON
Tennessee River	GODWIN
Midnight	MARY
Advance	WAFRER
Attack	WALDEN
General Bragg	QUADRANT
Fortifications	SAGINAW
Capture	WAYLAND
Chattanooga	JASMINE
Wounded	WHIST
Killed	WALRUS
Armas	RANDOLPH
Artillery	RICHARD
Ammunition	RAMSAY
General Grant	BANGOR
6 p.m.	JENNIE

【語転置表】

TO	BLACK	YOUR	WHARTON	WILL	CROSS
GODWIN	AT	MARY	AND	WAFER	AND
WALDEN	QUADRANT	SAGINAW	THEN	WAYLAND	JASMINE
PLEASE	ADVISE	ON	WHIST	WALRUS	RANDOLPH
RICHARD	RATIONS	AND	RAMSAY	BANGOR	JENNIE

意味不明の単語羅列

To BLACK you WHARTON will cross GODWIN at MARY and WAFER and WALDEN QUADRANT SAGINAW then WAYLAND JASMINE. Please advise on WHIST, WALRUS, RANDOLPH, RICHARD, rations and RAMSAY. BANGOR. JENNIE.

暗号文

CONGRESS JENNIE RANDOLPH JASMINE AND CROSS WILL WAFER WAYLAND WALRUS BANGOR RAMSAY WHIST THEN AND WHARTON YOUR MARY SAGINAW ON AND RATIONS ADVISE QUADRANT AT BLACK TO GODWIN WALDEN PLEASE RICHARD

【語転置表】

General Sherman	BLACK
Division	WHARTON
Tennessee River	GODWIN
Midnight	MARY
Advance	WAFRER
Attack	WALDEN
General Bragg	QUADRANT
Fortifications	SAGINAW
Capture	WAYLAND
Chattanooga	JASMINE
Wounded	WHIST
Killed	WALRUS
Armas	RANDOLPH
Artillery	RICHARD
Ammunition	RAMSAY
General Grant	BANGOR
6 p.m.	JENNIE

To BLACK you WHARTON will cross GODWIN at MARY and WAFER and WALDEN QUADRANT SAGINAW then WAYLAND JASMINE. Please advise on WHIST, WALRUS, RANDOLPH, RICHARD, rations and RAMSAY. BANGOR. JENNIE.

To General Sherman,
Your division will cross the Tennessee River at midnight and advance and attack General Bragg fortifications, then capture Chattanooga. Please advise on wounded, killed, arms, artillery, rations and ammunition.
General Grant, 6 p.m.

南北戦争中におこなわれた、電信や信号の傍受については後述するが、CSA側の暗号が「聖なる三人」によってことごとく解読されたのに対して、CSA側はUSA側の暗号を解読できなかった。CSAでは苦肉の策として、入手したUSA側の暗号文を新聞各紙に掲載、読者に解読を呼びかけたが、誰ひとりとして名乗りでなかったという。

ステーガーがUSMTCsを敢えて正規軍に編入せず、隊員を民間人身分にとどめ置き、軍務長官直属の部隊としたのは、暗号電文コードの守秘を徹底し、その拡散を防ぐためにほかならなかった。たとえば、「コード帳六番にアクセス可能な電信士は一四人に限る」というような厳命もだされている。

実際、電信本部隣の暗号作業専用室に足繁くかよったリンカーンすら、最高司令官でありながら、コード帳の閲覧だけは固く拒否された。この措置の正当性について、リンカーンやスタントンは十分に理解していたが、各方面軍司令官は暗号電文コードをあつかうUSMTCs隊員に対して指揮権がおよばないことに、反感と苛立ちを覚えたようだ。

グラントは西部方面軍司令官だった頃に一度、自軍配属のUSMTCs隊員サミュエル・ベックウィズ〈Beckwith, Samuel〉に、電文の暗号化と復号の手順をあかすように命令した。ベックウィズが頑(かたく)なに拒否すると、グラントは激怒して「命令違反により銃殺に処す」と脅迫する。驚いたベックウィズは「もしものことがあれば、将軍のお力添えで、電信総監に対して私の身分保証をお願いします」と念を押し、暗号電文コードの一部を通信士官に教えた。

図版26　グラント（中央）とベックウィズ（右端）

この件に関する報告を受けたステーガーは、ただちにベックウィズに解雇を申し渡している。グラントは事前の約束どおり、「自分の責任で要求したことであり、ベックウィズに落ち度はない。彼は我が軍になくてはならない隊員なので、是非とも復職の措置を願う」と謝罪した。そのお陰で、ベックウィズは以降もＵＳＭＴＣｓ隊員として活躍する。図版26は、グラントのかたわらで暗号電文を作成するベックウィズを描いたものだ。

ＵＳＭＴＣｓ隊員をめぐっては、当初、「〔民間人であるために〕戦場で臆病風に吹かれ、敵襲の際には真っ先に逃げだす」との悪評も囁かれたが、これはコード帳の秘匿をステーガーから徹底指導された結果とも考えられる。

	自軍の機密保持	敵軍の暗号解読
ＵＳＡ	可	可
ＣＳＡ	不可	不可

彼らは軍や部隊が退却を余儀なくされても、戦況を電信本部や友軍の各部隊に伝えるべく最後まで電鍵を抱えて戦場に止まった。そして、捕虜になる危険がせまるや、必ず電鍵を破壊し、コード帳を焼却している。

こうして、ステーガーの開発した暗号電信法によって、情報戦は上表のようにＵＳＡがＣＳＡを圧倒した。ステーガー暗号は、電信本部を中心に各方面軍の進行とともに拡張した軍用電信網を介して広範な戦線を駆け巡り、ＵＳＡ軍の有機的な連係を自在にしていく。

戦場の電信技能者たち

ここで時間が多少前後することを許されたい。一八六二年四月、マックリーラン率いるポトマック流域軍は、ポトマック川を下り、ヨークタウン半島に上陸した。半島作戦の開始である。軍司令官の指揮する兵員数が最大でも二万五〇〇〇〜三万五〇〇〇であった当時、ポトマック流域軍の威容は、対峙するＣＳＡ軍に脅威を与えた。

――なぜこれほどの大軍勢を、苦もなく統制できるのか?!

このときポトマック流域軍の電信線は、前線の各師団司令部まで延ばされ、モンロー要塞を介して電信本部ともつながっていた。マックリーランは、野戦電信網を駆使して、丈の短い紺色の上着に淡青色のズボンを履き、布製の丸いフランス式軍帽をかぶった精兵一一万を機能的に進退させる。

「敵軍のものものしい臨戦態勢に、我々は落胆の気持ちを催した」

とCSA兵士のひとりは、日記にしたためている。

それでは、半島作戦から本格始動したUSMTCsが、その後各地の戦線でどのように電信線を張り巡らし、貴重な軍事情報を電信本部↕方面軍司令部↕各師団に伝達したのか、その風景を描いておこう。

USMTCsとUSMTCCsは、図版27のような輜重車団を組んで各方面軍に従っている。そして、野営地が決まると、すぐに電信架設に取りかかった。これはUSMTCCsの任務である。

まず、数頭の騾馬に曳かせた輜重車〔図版28〕から簡易電柱〔三～四メートルの南米産ランサーウッド〕および電線〔亜鉛メッキを施した鉄線〕を巻いた約九〇キログラムの木製ドラムを取りだす。そして、騾馬を一頭はずして、その背に頑丈な荷台付きの鞍を装着、電線ドラムを載せる。

図版 27　USMTCs と USMTCCs の輜重車団

図版29のように、敷設班員のひとりが、あらかじめ決められた経路に沿って騾馬を誘導、別の班員がドラムに巻かれた電線の端を摑んで騾馬の歩みにあわせながら引き延ばしていく。

その間、図版30のように、残りの班員が地面に引き延べられた電線に沿って簡易電柱を適当な間隔で並べた。時間の節約と偽装（カムフラージュ）も兼ねて、自然の樹木を代用することもめずらしくはなかった。この作業はもう一方の師団や部隊からもすすめられ、互いの騾馬が出会った地点で、電線の端同士が接続される。

簡易電柱や樹木に電線を装着する場合、裸鉄線や銅線はガラス製碍子に、また、メッキ鉄線や樹脂被膜線は鉄製碍子や切れ込みに巻きつけて完了。建柱は、穴を掘って電柱の根もと部を埋めるか、電柱胴部を丈夫な木にロープや針金で結わえるかした。

こうして電線は師団・部隊間の中空を走ることになる。その高さは約三メートルで、一般に使用される五

図版 29　騾馬による電信線の引き延べ

図版 28　電信機材を搭載した輜重車

図版 30　USMTCCs による建柱作業

～六メートルの商用電柱に比較すると格段に低い。これはいうまでもなく、輜重車に電柱のサイズをあわせているためと、敵軍の眼から電線を隠すためである。

師団や部隊が移動する際には、右の敷設風景を巻きもどすかのごとき作業――電柱を地中から抜き、電線をドラムに巻き取り、電柱を集めて輜重車に積み込む――が迅速におこなわれ、守備隊が残る場合には電信設備をそのまま継続使用した。

ＵＳＭＴＣＣｓはこうした任務を、ときに砲声轟き、硝煙漂うなかでも遂行した。が、さらに危険をともなうのは図版31のような電線の補修である。戦線がＣＳＡ領内に入り込むにつれて、ゲリラによる電線や電柱の破壊があいついだ。騎兵隊員の護衛下、ＵＳＭＴＣＣｓの補修班が電線をたどって破損箇所に到達するや、茂みや岩陰から敵方の狙撃がはじまることも稀ではなかった。

サウスカロライナ海岸線沿いの電信線が銃撃で破損し、補修班員ふたりが電柱に登って切断部を修復しているときのこと。岩陰に潜んでいたＣＳＡ軍の放った銃弾数発が電柱に命中した。あっと叫ぶ間もなく、図版32のように電柱は銃弾がめり込んだ箇所から折れて、ふたりはもつれあいながら地面に叩きつけられる。幸いにも柔らかな砂地であったために、すぐに起きあがったふたりは、命からがらその場を退散した。

また、モンロー要塞の補修班員は騎兵数名に護衛されて電線の修復に赴いたところ、帰路、どこからともなく放たれた銃弾がコートを貫通。幸い怪我はなかったが、必死に馬を駆って護

図版 32　襲撃に遭った補修班員

図版 31　電信線の補修

衛の待機場所にもどり、要塞めざして一目散に退却している。

電信網の敷設・補修の最中に、射殺されたり銃創を負ったり、捕虜として連行されたりしたＵＳＭＴＣＣｓ隊員は一二人に一人とされる。己が命を顧みない彼らの活躍によって、一八六一年一〇月末にわずか四五〇キロメートルしかなかった軍用電信線の総延長距離は、半島作戦が佳境（クライマックス）を迎えた一八六二年七月に五六八〇キロメートルとなった。そして、南北戦争の天王山ゲティスバーグ、ヴィックスバーグ両会戦直前の一八六三年六月三〇日には、八五二〇キロメートルにまで達していたのである。

ＵＳＭＴＣＣｓが引いた電線の両端には、電鍵と受信機が接続される。これ

図版33
エリザベス・コッグレイ

図版34
ルイーザ・ヴォルカー

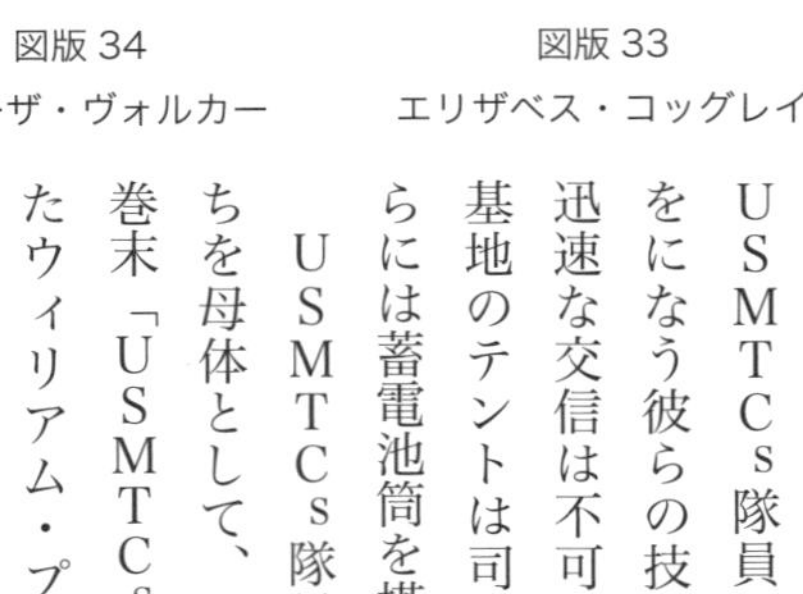

らを操作したのが、各方面軍司令部に派遣されたUSMTCs隊員＝電信士たちだ。電信網の接合部(シナプス)をになう彼らの技能なくしては、軍事情報の正確で迅速な交信は不可能。行軍中に彼らが起居する電信基地のテントは司令部のそばに張られ、そのかたわらには蓄電池筒を搭載した輜重車が停められた。

USMTCs隊員数は、図版12に掲載された者たちを母体として、終戦までに一〇七九名にのぼる。巻末「USMTCs隊員名簿」は、自身も隊員であったウィリアム・プラム〈Plum, William R〉が作成したものであるが、そこに三名の女性隊員も確認できる。エリザベス・コッグレイ〈Cogley, Elithabeth：図版33〉、マリー・スミス〈Smith, Mary〉、ルイーザ・ヴォルカー〈Volker, Louisa E：図版34〉である。

すでに紹介したが、カーネギーとマッカーゴは、ペン鉄道に女性電信士を積極的に起用している。電鍵という軽量小型の通信機器を指先で操作したり、受信音を手早く筆記したりする電信業務には、女性の持つ繊細な感覚が歓迎されたからだ。

徴用されたか、志願したかを問わず、ＵＳＭＴＣｓ隊員の大半は、男性が民間の鉄道・電信会社に勤務する一〇代後半から二〇代前半、女性が二〇代半ばから三〇代前半の、いずれも技量に秀でた電信士であった。

入隊後に与えられた身分は、既述のごとく、軍務省に徴用され、ステーガー電信総監の管轄下に置かれた兵站補給局所属の従軍雇員。よって、派遣先の軍規や上官の命令に従わずともよい。が、「聖なる三人」のように電信本部に配属されるか、あるいは兵站局、兵器廠、海軍工廠などワシントン行政府近郊の部署に派遣されるかした数十名を除くと、圧倒的多数の隊員は銃弾が飛び交い、砲声が轟く戦場で任務を遂行せねばならなかった。

そんな彼らの奮闘ぶりを三件紹介しておく。まずは、ＵＳＡ軍が惨敗を喫した第一次ブルラン会戦に際して、ヴァージニア州を走るアレグザンドリア鉄道のスプリングフィールド駅に配属されたチャールズ・ジャッキー〈Jackie, Charles W〉の回想を聞こう。

「わしは軍務省に『我が軍撤退中。まず、負傷兵。続いて小隊、連隊が通過』と打電した。『局を閉鎖し、彼らと一緒に撤退したい』とも。すぐに返電があったよ。『ワシントン軍務省よりスプリングフィールド電信士ジャッキーへ。閉鎖命令を下すまで局を維持すれば褒賞を与える。閉鎖命令なしに局を放棄すれば銃殺に処す。軍務長官補佐トム・Ａ・スコット』とね。

そこでわしは局にとどまり、自軍の撤退が完了するまで、入手できる全ての情報を軍務省に打電し続けたのさ。撤退の指示を受けて、わしが局を閉鎖し、ワシントンにむかったのは、七月二二日月曜日の午前八時のことだったな」

これは五〇年後の回想であり、当時のジャッキーはまだ一六歳。「味方に殺されるくらいなら、局を守って敵に殺されたほうが、名誉も保たれてまだ救われる」と考えたかどうか……。少年の身には、あまりに苛酷な任務といわざるをえない。

なお、無事に帰還したジャッキーには、約束どおり、軍務省から二週間の慰労休暇が許可されたうえ、実家のあるオハイオ州までの往復運賃と特別褒賞金二〇ドルも支給された。

ついで、フィッツジョン・ポーター〈Porter, Fitz-John〉准将率いる第五軍団配属のジェシー・バンネル〈Bunnell, Jesse H〉の機転をあげたい。これは半島作戦における七日間戦争の第三日目、一八六二年六月二七日、ゲインズミル会戦での出来事である。

この日、北ヴァージニア軍を指揮するリーは、「石壁」ジャクソン率いる一万六〇〇〇とジョン・フッド〈Hood, John〉率いるテキサス旅団を連係させ、計五万近い兵力を以て、ヴァージニア州ハノーバー郡ゲインズミルに駐屯するポーターの第五軍団三万五〇〇〇に集中攻撃を仕掛けた。

壊滅寸前にまで追い詰められた第五軍団を救ったのが、一八歳のバンネルである。死傷者が四〇〇〇を数え、伝令も数名が命を落とす銃撃戦で自軍が絶体絶命となるなか、この若きUSMTCs隊員は独断で既設の電信線を切断、マックリーラン司令部に直結する電信線に接続し直すと、「右翼第五軍が危機」と打電した。

マックリーランは、間髪入れずに援軍を派遣し、第五軍団の壊滅を辛うじてくい止める。ポトマック流域軍が自慢の旋条式大砲で反撃している隙に、ポーターは残兵をまとめて、チカホミニー川南岸まで一気に退却、その際に橋を破壊してCSA軍の追撃を阻止した。

バンネルは終戦後、カーネギー、ステーガー、エッカート、そして「聖なる三人」とともに、USMTCs功労者のひとりとして表彰されるが、じつは最初の配属先ヴァージニア州ウィーリングで、「我が偉大なる連邦海軍が大敗」という偽情報を通信社に打電する騒動を起こしている。悪ふざけをしたい年頃ではあるが、事が事だけに、除隊処分を受けた。

しかし、半島作戦を目前に、優秀な電信士がひとりでも欲しいという事情から、USMTCsへの復帰を許され、それがゲインズミルでの「お手柄」につながる。まさにUSA軍には起死回生、バンネルには名誉挽回の武勇であった。

最後に紹介するのは、女性隊員ルイーザ・ヴォルカーの活躍である。一八三八年にミズーリ州セントルイスで生まれた彼女は、同地の鉄道駅に勤務する男性電信士から電信技能を学び、一八六三年に志願してUSMTCs隊員となった。

同州ミネラルポイントにおいて土地取引や居酒屋経営で財を成したヴォルカー家は、いち早くＵＳＡ支持を表明し、ルイーザも「連邦再統一」に尽力する道を求めて、入隊を決意したと推察される。

一八六四年九月一九日、ＣＳＡミズーリ州防衛軍一万二〇〇〇を率いるスターリング・プライス〈Price, Sterling〉少将は、戦局の打開を狙って、ミズーリ州への侵攻を開始する。標的のひとつとなったパイロットノッブはセントルイス・アンド・アイアン・マウンテン鉄道の終着駅にして、ＵＳＡ軍の兵站基地と製鉄工場を擁していた。

このとき、パイロットノッブの南九・七キロメートルに位置するミネラルポイント駅中継基地に配属されていたルイーザは、パイロットノッブに敵軍の動きや戦況を逐一打電。また、ミネラルポイントへの攻撃にも備えて、救援の電信士が到着するまでの二昼夜、不眠不休で電文送受にあたる。

その後、ルイーザは電鍵とコード帳を処分し、ヴォルカー家の地所をＣＳＡ軍の略奪から守るべく、妹を連れて自邸に立てこもった。残念ながら、邸宅はＣＳＡ軍によって無残に破壊されたが、ルイーザはこのあともＵＳＭＴＣｓ隊員としてミネラルポイントに駐在している。

ＵＳＭＴＣｓ隊員は、各戦線において暗号電文の送受だけを遂行したのではない。敵領に潜入し、図版35のように携帯型受信機を敵軍の電信線に接続して電文を傍受、それを電信本部に送る盗聴〈wire tapping〉もまた、彼らの守備範囲であった。

『悪魔の辞典〈The Devil's Dictionary〉』〔一九一一年〕で有名な作家アンブロウズ・ビアス

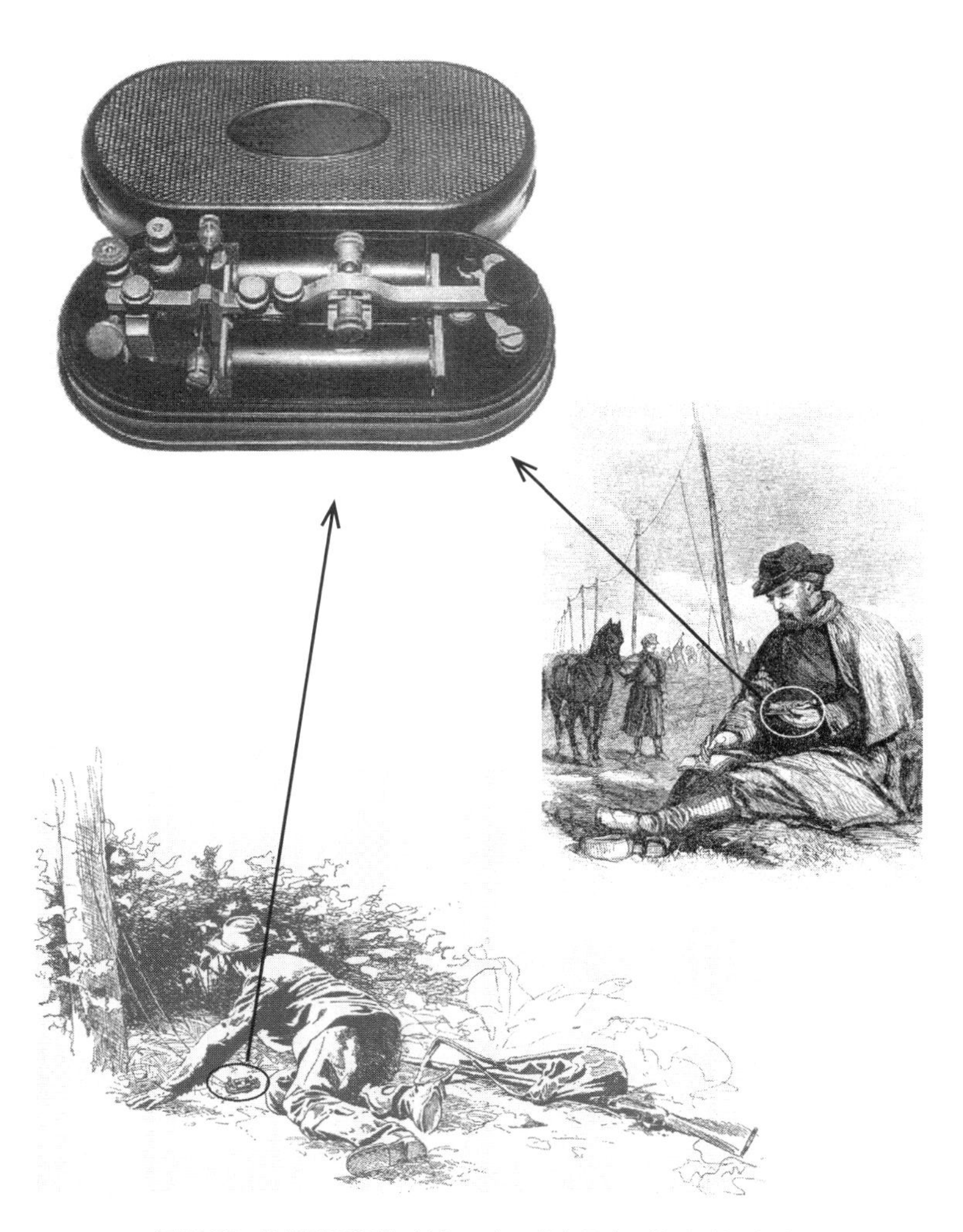

図版35　携帯型受信機（上）による敵方電文の傍受（中／下）

〈Bierce, Ambrose Gwinnett〉は、南北戦争時、志願兵としてＵＳＡ軍に入隊、何度か軍功を立てている。

その彼が戦後発表した短編小説に「生死不明の男〈"One of the Missing"〉」がある。これがどうやらＵＳＭＴＣｓ隊員をモチーフに創作されたらしい。というのも、主人公のジェロウム・シアリング〔シャーマン軍配属〕は、左のように描写されているからだ。

「ジェロウム・シアリングは、一兵卒であるが、普通の兵隊のように隊列に加わって働くのではなく、えらばれて師団司令部づきとなり、軍隊名簿には当番兵として登録してあった。『当番兵』というのは、じつに雑多な任務をふくむ言葉であった。伝令にもなれば、事務兵にもなり、従卒にもなれば――どんなものにでもなるのだ。つまり、命令書にも軍隊法規にも定められていない任務を仰せつかるのだが、その任務の性質いかんは、本人の才能、情実、偶然それぞれによって決まる。シアリング兵卒、まれに見る射撃の名手で、年は若く、困苦に耐え、頭はよく、恐れを知らぬ彼は、いま斥候に赴くのだ。彼の師団を率いる将軍は（中略）小哨や斥候の衝突などから教えられる以上の情報を、手に入れたいと思う男だった（中略）いま彼が命じられた任務は簡単、できるだけ敵の前線に近づいて、できるだけ多くの情報を探り出してくることにあった」〔傍線――引用者〕

いささか長くなったが、傍線部のような特徴を持つ人物が、ＵＳＭＴＣｓ隊員であった可能性は高い。主人公シアリングはＣＳＡの砲撃に巻き込まれて戦死するが、実際に敵領内に潜入して機密情報を入手する任務は、非常な勇気と判断力を要し、ときに生還も危ぶまれた。そのために、盗聴の任務は、大半が愛国心に富む二〇代前半の男性隊員に与えられている。二件の事例を引こう。

一八六一年一〇月、ＵＳＡ海軍の艦船基地を確保すべく、サウスカロライナ州ポートロイヤル島を奪取する作戦が立てられる。同島の入江は停泊地となっており、ＵＳＡの全艦隊を収容できる規模を備えていた。

作戦の決行にさきだち、チャールストン・サヴァナ鉄道沿いを走る電信線で交信されるＣＳＡ軍の情報を傍受しなければならない。その任務にあたったのが、ＵＳＭＴＣｓ隊員ウィリアム・フォスター〈Foster, William〉。

彼は二日にわたり軌道（レール）沿いの森林に身を潜めながら盗聴を敢行。その結果、「ＣＳＡ軍の防衛基地は入江口の南北に土塁を積んで構築されている模様。南側のウォーカー要塞は堅固なるも、砲門は一九を数えるのみ。しかも砲手は経験不足」という貴重な情報がサミュエル・デュポン〈DuPont, Samuel F〉海将にもたらされた。

一一月七日、ＵＳＡ艦隊は一列縦隊で入江に侵入、ウォーカー要塞に艦砲射撃を浴びせて、ポートロイヤル島の占領に成功する。が、このときすでに、フォスターの身はＣＳＡ軍の手に落ちていた。彼は軍用犬の追跡を受けて沼地に逃げ込むが、泥濘(ぬかるみ)に足を取られて動けなくなったところを拿捕(だほ)された。その後、逃走中に負った傷がもとで、収監されたＣＳＡの捕虜収容所において衰弱死している。

もう一件は、一八六三年九月のチカモーガ渓谷攻防戦に関するものだ。このときカンバーランド流域軍司令官ウィリアム・ローズクランズ〈Rosecrans, William〉少将は、ブラクストン・ブラッグ〈Bragg, Braxton〉が指揮するＣＳＡテネシー方面軍の動向を探らねばならなかった。ブラッグがテネシー州のＵＳＡ軍拠点チャタヌーガにつうずる街道を押さえれば、ローズクランズ軍は孤立し、殲滅(せんめつ)の危機に瀕する。

そこで、ローズクランズはテネシー州ノックスヴィル近郊のチャタヌーガ鉄道沿いに敷かれた電信線の盗聴を、ＵＳＭＴＣｓ隊員ヴァン・ヴァルケンバーグ〈Van Valkenburgh, F. S〉とパトリック・マラーケイ〈Mullarkey, Patrick〉に命じた。早速ふたりはテネシー州出身の兵士四名を護衛兼案内役として敵領に潜入。ノックスヴィルから二四キロメートル離れた森林に身を隠し、一週間にわたって電線を通過する全ての電文を傍受した。

やがて「ノックスヴィルに潜入したＵＳＡ軍の諜報員を拿捕せよ」という電文を傍受したふたりは、ただちに逃走を開始。ＣＳＡ騎兵隊の追跡やゲリラの襲撃に怯えながら、死に物狂いで自陣にたどり着いた。両者とも極度の飢餓状態に陥り、両足の皮膚は裂けて出血がおびただしかったという。

このようにＵＳＭＴＣｓ隊員が命を的に集めた情報によって、ＵＳＡ各方面軍はＣＳＡ軍の機先を制したり、ＣＳＡ軍の攻撃による犠牲を最小限でかわしたりすることができた。しかも、彼らが傍受した情報は、ＣＳＡによる諜報活動や隠密作戦を妨害するのに決定的な役割も果たす。

結成まもない頃、ＵＳＭＴＣｓ隊員のなかには、軍務長官直属にして軍規から自由な立場にあることを栖に、司令官やＵＳＳＣｓ所属士官に対して職人気質や自負心をあらわにする者も少なくはなかった。年長隊員のなかには、怠惰でだらしなく、金銭に汚かったり、機密情報を投機家に売り渡したりする不届きな輩も混じっていたようだ。

しかし、死と隣りあわせの戦場では、つまらぬ意地や誇りや私欲が、自分はおろか周囲の人びとをも危険にさらす。そう悟ったとき、ＵＳＭＴＣｓ隊員たちは上官や兵士に敬意を表し、軍組織の神経系統にしてＵＳＡの命綱ともなった電信網を十全に機能させることが当然の任務と思い定めるようになったのである。

ついでながら、戦時中、民間の電信・鉄道会社に勤務する電信士の俸給は、月平均七〇～九〇ドル。これに対して、ＵＳＭＴＣｓ隊員の場合、『ステーガー草案』にあったとおり、主任電信士が六〇～七〇ドル、副電信士が四〇～六〇ドルであった。任務の危険性と苛酷さに照らせば、薄給といわざるをえない。ましてや、隊員は民間人身分なのだから。

そのために、一八六二年一二月三日、ポトマック流域軍配属のＵＳＭＴＣｓ隊員五〇名が連名で、給与改善と配給品の増加を求める嘆願書をステーガーに提出。ステーガーはただちにスタントンに諮り、献身的な働きを見せた隊員の任官措置や全体的な俸給改善を実施している。最終的に、USMTCs隊員の俸給は七五〜一〇五ドルとなり、行軍中も専用テント、燃料、食糧がふんだんに支給され、黒人の部下も割りあてられた。

図版36　ヴァージニア戦線で野営するUSMTCs隊員たち

図版36はヴァージニア戦線チャールズシティ裁判所近郊で野営するUSMTCsの姿を撮ったものである。箱に載せた電信機を挟んで、ふたりの隊員がいる。テントの右側には電線ドラムを積んだ荷台が見え、左側には騾馬と並んで立つ黒人兵も確認できる。

Ⅳ

軍用電信の政治力学
――奴隷解放宣言の前後――

われわれはこの戦争の一大激戦の地で相会しています。われわれはこの国家が永らえるようにと、ここでその生命を投げ出した人々の、最後の安息の場所として、この戦場の一部を献げるために来たのであります。われわれがこのことをするのはまことに適切であり適当であります。

――エイブラハム・リンカーン「ゲティスバーグ演説」より

マックリーランの置き土産

南北戦争は、その実体が一国の内戦であったにもかかわらず、戦史上において際立った地位を占める。けだし、それは「旧来のスタイルの戦争の最後のものであったと同時に、近代的な全面戦争の最初のものであった」からだ。

開戦当初は、ＵＳＡ、ＣＳＡ両軍ともに、隊列を組んで勇壮華麗な野戦を展開するナポレオン型戦術を実践、戦略担当の指揮官さえもみずからが突撃の先頭に立って兵を鼓舞した。

しかし、勇気と名誉を重んずる騎士道精神が濃厚に漂う戦線において、ＣＳＡ軍の名将リーだけは、首都リッチモンド周辺に堡塁（ほうるい）や塹壕（ざんごう）を築く軍令をいち早く発した。

――俺たちは戦争のために来たのだ。土木工事をするためではない!!

という声が将校はおろか兵士のあいだにも満ち、結局、黒人奴隷が堡塁や塹濠の構築に動員された。そして、この不名誉な軍令を発したリーは、鋤の王様（スペードのキング）と密かに揶揄される。

ところが、ＣＳＡ軍はおろかＵＳＡ軍もほどなく、リーの見識の正しさを思い知ることとなった。なによりも銃器の性能が、ナポレオン時代のそれとは比較にならぬほど向上していたからだ。

たとえば、小銃はいまだ銃口装塡〈先込め〉のスプリングフィールド〇・五八インチ〈約一・五センチメートル〉口径が主流であったが、半島作戦がはじまった頃より、銃腔のほうは次第に滑腔式から旋条式に転換しつつあった。銃腔面には螺旋状の溝が刻み込まれ、弾丸に回転を与えることで弾速・射程距離・命中率が急速に向上する。

弾丸にも改良が施された。一八四九年にフランスのクロード・エティエンヌ・ミニエ〈Minié, Claude-Étienne〉大尉は、先端の尖った椎の実型弾丸を開発している。これは直径が銃腔の内径よりも小さいものの、発射時に薬莢に仕込まれたガスの圧力で拡張した銃弾の底部が銃腔に刻まれた溝に食い込むために、銃弾に鋭い旋転を与えて安定した弾道で飛翔させた。ちなみに、いま滑腔小銃と旋条小銃の命中率を比較すれば、図版37のような数値となる。

滑腔小銃が主流の段階では、歩兵たちは敵前五〇ヤード〈四五メートル〉まで接近して射撃したが、それでも命中率は悪く、致命傷を与えられなかった。そのため、最終的には銃筒先端に着剣して突撃、白兵戦を挑むのが常であった。

しかし、旋条小銃が主流となり、兵士たちがその操作に習熟するにつれて、命中率は急速に高まっていく。下手に敵軍めがけて勇猛果敢に突撃などすれば、瞬時にして銃弾の餌食となり、無残な肉塊と化した屍が累々と横たわる地獄絵を戦場に描くこととなった。

それでも、むやみに突撃を命じる指揮官がＵＳＡ、ＣＳＡともにあとを絶たなかったのは、「軍人はひとつ前の戦いを戦う」という言葉どおり、戦術というソフトウェアが、小銃という

	口込式滑腔小銃	口込式旋条小銃
100 ヤード〔約 91 メートル〕	74.5 パーセント	94.5 パーセント
200 ヤード〔約 182 メートル〕	41.5 パーセント	80.0 パーセント
300 ヤード〔約 274 メートル〕	16.0 パーセント	55.0 パーセント
400 ヤード〔約 365 メートル〕	4.5 パーセント	52.5 パーセント

図版 37　滑腔小銃と旋条小銃の命中率比較

ハードウェアの発達に追いついていなかったためである。

この隔たりが持つ意味に誰よりも早く気づき、堡塁・塹壕の構築を命じたリーの軍才は、改めて非凡であったといわざるをえない。

やがてＵＳＡ、ＣＳＡ両軍とも、行軍停止がやむなきとき、指揮官は躊躇なく兵士たちに塹壕掘りを命じた。これについてＣＳＡ軍需品補給管理主任のひとりは、

「兵士らははじめ、鋤（すき）を持って戦闘に臨むことを不名誉に感じていたが、いまでは全面的にそれが正しいと信じている」

と日記にしたためている。

兵士たちはまず、鋤をもちいて射撃壕を掘り、ついで大砲壕を築き、そのあと逆茂木や眼鏡壕を造って二方向からの射界を確保する。掘った土を投げ上げる際、彼らは銃剣や錫（すず）の鍋、さらには水筒を裂いてシャベル代わりにした。貴重な水も、生命には代えられぬ。

ＣＳＡ、ＵＳＡ両軍ともすぐにこの作業に慣れ、四八時間もあれば、空地を堅固な要塞へと変貌させることが可能となった。そして、これが南北戦争以降も、戦いの日常風景として世界各地の戦場でくりひろげられていく。

ＵＳＭＴＣｓが名実ともに、ＵＳＡ軍の情報通信機能を一手にになうのも、戦争の形式が短期決着をめざした白兵戦から、強固な防塞同士が対峙する長期的消耗戦へと変貌を遂げ、安定的で大規模な兵站補給と戦機を的確に捉えた迅速な兵力の集結・拡散に必要な情報の価値が、飛躍的に高まった状況に対応してのことである。

それは具体的には、一八六三年七月のゲティスバーグ会戦とヴィックスバーグ包囲戦以降のことになるが、じつは決定的な転機は両戦前後に、リンカーンとスタントンが断行した二件の軍政人事にあった。

まず、一八六二年一一月五日にリンカーンが発したポトマック流域軍司令官マックリーランの解任を眺めていこう。

一一万という空前の大兵力を動員した半島作戦では、ＵＳＡ軍が一時リッチモンドの東方一五キロメートル付近にまでせまるも、六月二五日にはじまる七日間戦争で、リー率いるＣＳＡ軍の猛攻に遭ってジェームズ川に後退。

しかも、七日間戦争中の一八六二年六月二八日午前〇時二〇分付で、マックリーランは軍務長官スタントン宛てに、形勢不利の責任が全てワシントン政府にあるかのごとき主旨の電文を送りつけている。曰く、

「私の軍はあまりに規模が小さかったので、この会戦での勝利を失ってしまった。余りに多く

の屍を見るにつけ、ワシントン政府が我が軍を見捨てたとの思いを強くする。そうでなければ、この会戦を落とすはずがない。私がこの軍を救ったとしても、貴君やワシントンの誰かに感謝する気などない。貴君らはただ我が軍を犠牲にすることに全力を注いだにすぎないのだから」〔傍線 ― 引用者〕

激情を吐露した最後の一節〔傍線〕は、軍用電信検閲官サンフォードが機転を利かせて削除したお陰で、スタントンの目に直接ふれることはなかった。

だが、そこを削除したところで、マックリーランがリンカーンとスタントンを「軍事の素人」と見下し、敵意と不信を抱いていることは十分に察せられる内容だ。

図版38
アラン・ピンカートン（左）とリンカーン（右）

じつは情報収集に並々ならぬ熱意を抱くマックリーランは、軍務省に諜報部を設置し、その責任者に私立探偵社の生みの親として有名なアラン・ピンカートン〈Pinkerton, Allan：図版38（左）〉を据えていた。

ピンカートンはリンカーンの身

辺警護や、CSA諜報員の摘発・逮捕に従事していたが、軍事経験がなかったために、戦場では往々にして敵軍の規模を見誤り、倍近くに誇張した情報をマックリーランに提供する。

これを鵜呑みにしたマックリーランは、生来の慎重な性格も災いして、決定的な勝機が訪れているにもかかわらず、事態の推移を見極めることに時間を割き、戦闘の帰趨を制するような兵力の投入ができなかったといわれる。

「大抵の情報は間違っていると思って差支えなく、しかも人間の恐怖心がその虚偽の傾向をますます助長させるもととなるのである。けだし一般に誰でも善いことよりも悪いことを信じたがる傾向をもち、その悪いことも必要以上に拡大して信じたがる傾向をもっているからである」というクラウゼヴィッツ〈Clausewitz, Karl von〉の言葉を、地でいくようなコンビが、マックリーランとピンカートンであった。

閣僚や議会からは「マックリーランを罷免せよ」との声もあがった。マックリーランとリンカーンの因縁と確執についてはすでに幾度となくふれたが、それでもリンカーンはマックリーラン罷免の決定を容易には下せなかった。いまだCSA軍を率いるリーやジャクソンに対抗できる将才を見つけられずにいたからだ。

ただし、軍の変革を求める声を受けて、リンカーンはマックリーランを総司令官に復帰させず、ポトマック流域軍司令官に留め置いた。そして、七月二三日、ミズーリ方面軍司令官ハレックを、新たな総司令官に任命している。

これによって、半島作戦に失敗したマックリーランを事実上降格させたのであるが、実際のところは、

（たしかにマックリーランは反抗的で、こちらの期待にも応えていない。しかし、「ナポレオンの再来」というのが虚名でも、いまはそれに頼るしかあるまい）

という、背に腹は代えられぬ台所事情にうながされての措置であった。

九月一七日にはメリーランドとペンシルヴァニアの州境、ポトマック川支流のアンティータム渓谷において、マックリーランは九万の大軍を以てリー軍五万と対戦し、南北戦争中最も凄惨な激闘〔USA軍の死者二〇〇〇、CSA軍の死者一五〇〇～二七〇〇。両軍合計一万七三〇〇～一万八五〇〇の負傷者中二〇〇〇は傷病死したと推定。一日の戦闘の死傷者数としてはアメリカ戦史上最高〕の末、これをヴァージニアに撤退させる。

ところが、マックリーランはまたもや敵兵力を過剰に見誤って追撃を控えてしまった。満身創痍のリー軍を壊滅させる絶好の機会がここで失われる。

一〇月一日、リンカーンは大いなる失望を抱きながら、アンティータムの戦場にポトマック流域軍を訪ね、マックリーランと兵士たちを慰労した。そのあとリンカーンは、ハレックを介して、「なぜリー軍を追撃しないのか？」とマックリーランに質（ただ）している。

（追撃をおこなわねば、いかなる勝利も大した効果をもたらさない。勝利の成果は幾度かの追撃を俟（ま）ってはじめて生じる）

リンカーンは日々送られてくる戦況報告にふれるうち、戦場に身を置く司令官以上に、追撃の重要性を理解するにいたった。

「アンティータム会戦以後、軍馬の疲弊が甚だしく、新馬の補給もおこなわれていない」という回答がマックリーランから電信本部に打電されたのは一〇月二五日。「軍馬の疲弊」がリー追撃断念の理由というのだが、会戦からは優に五週間が経過している。さすがのリンカーンも遂に忍耐の限界を迎えた。

（こいつはほんとうに駄目だ。もはや「ぐずぐず病」に付き合っている余裕はない）

リンカーンは、マックリーランをＵＳＡ軍の病巣と見なし、切除という外科的な処置に踏み切る。

一八六二年一一月五日、リンカーンはハレックにマックリーラン罷免を命じた。期待はずれの凡将に、国家の命運をこれ以上委ねるわけにはいかない。

このとき、マックリーランを慕うことが篤かったポトマック流域軍兵士の心情を代弁して、司令部配属の電信士は、左の電文を電信本部に送っている。

「我々は全員がマックリーラン少将の解任に憤慨する。将校から歩兵にいたるまで、軍全員が同じ気持ちなり。古参兵は、少将が去るとき、まるで少年のように涙を流した」

こうして、「ナポレオンの再来」と謳われたマックリーランの雄姿は、南北戦争の表舞台から消えたが、その遺産は莫大であった。

彼は新兵の養成と訓練、兵站補給の才に長け、未曽有の大軍を組織・運営して総力戦を遂行する軍編成に成功を収めた。また、その神経系統として、電信網をワシントン軍務省↕各方面軍司令部間の戦略情報の交信だけでなく、各軍同士・各軍配下の軍団・部隊同士での戦術情報の交信にまで活用した。

ポトマック流域軍の捕虜となったＣＳＡ兵士は、

「勝てねぇわけだ。こいつらぁ、いつも電信と一緒にいやがる」

と吐き捨てている。

南北戦争前半部で異彩を放ったマックリーランの最大の不幸は、自身が多分に机上の人であり、戦場の人ではなかったことにあろう。軍編成の達人は、進撃の凡人であった。

マイヤー対ステーガー

ＵＳＭＴＣｓをＵＳＡの軍事情報通信体制における唯一無二の核としたもうひとつの人事、それはＵＳＳＣｓ指揮官マイヤーの更迭である。

半島作戦からアンティータム渓谷会戦まで、ＵＳＳＣｓはポトマック流域軍に随行している。その間、マイヤーは一貫して「野戦電信網を全面的にＵＳＳＣｓの管轄下に置くべし」と軍務省に要求してきた。

しかし、スタントンにこれを容れる意志がないと知り、マイヤーは独自の移動電信馬車団を結成、ベアズリー電信機という性能不備を抱えた装置を採用し、各軍将校やＵＳＭＴＣｓ隊員の顰蹙を買う。

一八六二年一二月一三日のフレデリックスバーグ〔ワシントンから南へ八〇キロメートル、リッチモンドとの中間点に位置する交通の要衝〕会戦では、マックリーランの後任アンブローズ・バーンサイド〈Burnside, Ambrose E〉少将率いるポトマック流域軍のジョン・セディウィック〈Sedgwick, John〉少将の部隊において、ＵＳＳＣｓ馬車団の架設した野戦電信が全く機能しなかった。

リー率いるＣＳＡ軍七万はあらかじめ高台に陣取っており、連係不能に陥ったまま平原を無防備に直進してくるポトマック流域軍を眼下に捉えると、大砲と銃で狙い撃ちし、一万二〇〇〇近い敵兵をほとんど虐殺に近いかたちで屠った。

銃弾に斃れ、砲弾に噴き飛ぶ敵兵の無残な姿を眺めながら、リーはかたわらの副官に、「戦争がかくも惨たらしいことは悪いことではない。さもないと、私たちは戦争の魔力に憑かれて、そこから抜けだせなくなるだろう」と重苦しい声で語ったという。

だが、リーの戦争観は、バーンサイドの共有するところではなかった。フレデリックスバーグでの惨敗後も、バーンサイドは新たな作戦を計画し、軍務省に伺いを立てている。これに対してリンカーンは、一二月三〇日付の暗号電文で、

「貴官は私の許可なくして、いかなる総攻撃の作戦も立てるべからず」

と厳しく叱責し、これを不服とするバーンサイドを翌一八六三年一月二五日に罷免した。

フレデリックスバーグ会戦で醜態をさらしたＵＳＳＣｓは、一八六三年五月二～五日のチャンセラーズヴィル会戦でもふたたび失敗をくり返す。

モールス電信機ならば五分で可能な電文の送信に、ベアズリー電信機がなんと一時間も費やしたのである。あまりの非効率ぶりに呆れ果てた司令官は、ただちにこれを撤去し、ＵＳＭＴＣｓのモールス電信機にすげ替える指令を発した。

一八六三年秋、湾岸方面軍のＵＳＭＴＣｓ支配人補佐バルクレイ〈Bulkley, C.H〉は、ベアズリー電信機の性能について、「磁石の起こす電流は微弱であり、長距離通信を安定的かつ継続的に維持することができない。それにもかかわらず、機械自体の重量はモールス電信機をはるかに凌ぐ」という批判的な見解を述べた。同様の証言が多数えられたことから、ベアズリー電信機とＵＳＳＣｓに対する風当たりは、さらに激しさを増す。

事態を憂慮したマイヤーは、同年一〇月、急きょモールス電信士を募集した。その採用試験に合格したジョン・トーマス〈Thomas, John〉は、ジョージタウン特別区のＵＳＳＣｓ本部に呼ばれ、電信機材の徹底的な見直しをすすめるよう、マイヤーから指示を受けた。トーマスは実態を仔細に調査し、「ＵＳＳＣｓの電信線や機材を検討したところ、これらを有効に機能させるには、熟達したモールス電信士とモールス装置一式が必要である、との結論が即座に導きだされた」と復命している。

ＵＳＳＣｓの電信機材——就中、ベアズリー電信機——の効率がすこぶる悪いという事実、そして、この不備をおぎなうべくモールス電信士の駆り集めに精をだすマイヤーの動きは、ほどなくステーガーの知るところとなった。

野戦・軍用電信網の健全な運営が危うくなりかねない、と判断したステーガーは、一〇月二七日、スタントンに『望ましい軍用電信システムの在り方』という要求書を提出する。

「ＵＳＳＣｓによる野戦電信馬車団の結成から生じた錯綜を考えますに、馬車団をただちにＵＳＭＴＣｓに統合し、ふたつの組織が同じ任務を遂行する事態の解消を提言いたします。この変更にはさほどの時間も要しませんし、電信馬車団の運営にも支障がないばかりか、それをＵＳＭＴＣｓの熟練電信士に委ねることで、いっそうの効率化が期待できます。同時に、ＵＳＳＣｓがこの任務のために雇用している多数の未熟な電信士を解雇できます。ＵＳ

ＳＣｓの馬車団は、現時点において、電信を効率的にあつかうのに不慣れな人びとの手で運用されており、軍事関係筋の要請に応えられていません。ただし、ＵＳＳＣｓは任官と高賃金によって優秀な電信士を駆り集めつつあります。これは正規の軍組織ならではの利点であり、ＵＳＭＴＣｓには提供できないものです。それゆえに、野戦・軍用電信網の管理をＵＳＭＴＣｓに委ねるか、逆にこれを廃して、全業務をＵＳＳＣｓの統制下に置くか、いずれか一方を選択願います」

この要求書を読んだスタントンは、一一月一〇日、特別命令第四九九号を発して、「マイヤー大佐をＵＳＳＣｓの運営に責任を持つＵＳＡ陸軍通信将校から解任し、野戦用の磁石式電信機材と馬車団の全てを、軍用電信総監ステーガー大佐に引き渡す」という措置に踏み切る。

じつはスタントン自身が、すでにマイヤー排斥の機会をうかがっていた節もある。マイヤーは優秀な電信士の調達に躍起となるあまり、『陸軍・海軍広報』九月号に、ＵＳＭＴＣｓを貶（おとし）めるような写真と口上（コピー）（「一八六三年七月、ポトマック流域軍司令部の休憩時間、ＵＳＭＴＣｓ隊員たちはだらしなくお喋りに興じる」）を刷り込んだ募集広告を掲載していたからだ。厳正なる秩序の維持を旨とするスタントンにとって、マイヤーの行為は到底容認できるものではなかった。

一二月五日、スタントンはリンカーンに今回の件に関する報告書を提出し、そのなかで

ＵＳＭＴＣｓとＵＳＳＣｓを左のように比較している。

「一九八人の士官〈officers〉を抱えるＵＳＳＣｓがその力を十分には発揮していないのに対して、ＵＳＭＴＣｓはステーガー大佐とエッカート少佐の指揮のもと、戦争遂行に測り知れない価値を持つサービスを提供しており、任務に対する献身度において、いかなる部隊もＵＳＭＴＣｓを凌ぐことはできません」

こうして、マックリーラン解任を機にいっそう広範な活動域を与えられたＵＳＭＴＣｓは、マイヤー更迭によってＵＳＳＣｓの電信機材を我が物とした結果、軍務省電信本部↕各軍司令部間での戦略情報の交信＝軍用電信と、各軍同士・各軍内部の部隊同士での戦術情報の交信＝野戦電信の両機能を兼備した統合型軍事情報通信組織へと進化を遂げていく。

ところで、マックリーランとマイヤーをめぐる強行人事の前後、ワシントンとリッチモンドの両首都が対峙する東部戦線では、リーとジャクソン両名将の率いるＣＳＡ軍が巧みな陽動作戦を展開してポトマック流域軍を封じ込めたばかりか、しばしばワシントンを脅かす気配さえ見せていた。

さきに述べたアンティータム渓谷会戦では、進撃を怠ってリー軍壊滅の決定機を逃したマックリーランを解任せざるをえず、後任のバーンサイドは息を吹き返したリー軍のまえに多大な犠牲者をだして敗れ去った。

　だが、じつは一八六二年一月二七日にリンカーンが一般戦争命令第一号を発したとき、マックリーランのポトマック流域軍とは対照的に、電光石火の動きを見せた軍があった。ミシシッピ沿岸のセントルイスに司令部を置くミズーリ方面軍である。

　当時、同軍司令官であったハレックは、配下のグラントにヘンリー要塞とドネルソン要塞の攻略を命じた。前者はミシシッピ川支流のテネシー川に面した要塞、後者はテネシー川に合流するカンバーランド川に面した要塞であり、両要塞間の距離は二〇キロメートル足らず。いずれもケンタッキーとテネシーの州境に位置し、その南にメンフィス・オハイオ鉄道が走っていた。水路と陸路が近接するCSA軍の交通の要衝であり、ここを落とせばUSA軍南進の拠点を確保できる。

　グラントは河川艦隊司令官アンドルー・フット〈Foote, Andrew Hull〉少将と連係し、まず、二月六日に艦隊七隻による一斉砲撃を敢行、ヘンリー要塞を二時間ほどで占領した。これによって、ミズーリ方面軍はテネシー川の水運を支配下に置き、テネシー州南部からアラバマ州への輸送路を手中にする。

　ついで、二月一四日払暁（ふつぎょう）、グラントはフット艦隊が移送してきた増援部隊一万二〇〇〇をくわえた計二万七〇〇〇の軍勢で、ドネルソン要塞に攻撃を仕掛けた。が、高台三・二キロメートルにおよぶ大要塞は、二万前後の守備兵を擁し、大砲の装備も万全であった。反撃を受けたフットの艦隊がつぎつぎと損傷するのを見たグラントは、無理押しを避け、要塞を包囲する作戦に切り替える。

折しも寒波が襲来し、気温は氷点下一〇度にまで下がり、雪と強風がドネルソン要塞の守備兵を容赦なく攻め立てた。要塞司令官ジョン・フロイド〈Floyd, John B〉准将は敵が兵糧攻めに転じたことを知ると、ただちにナッシュビルへの撤退を決意し、包囲軍を攻撃して脱出口を開こうとする。

（この攻撃は、撤退の血路を開くための陽動だ）

グラントは、捕虜にしたＣＳＡ軍兵士がわずかな食糧しか携えていないことから、そう判断した。そこで、部隊に前進を命じ、さらに包囲を狭める。

それでもフロイド以下数千は夜陰に紛れると、凍てつく川を密かに渡って、ナッシュビルへと落ち延びた。

（かまわん。欲しいのはこの要塞だ。捕虜ではない）

とグラントは敵将の逃亡も意に介さなかった。

二月一六日朝、要塞に残された守備隊は、グラントに条件付きで降伏を申しでる。それに対するグラントの返答は、まさにこのときの天候さながらに、冷酷なものだった。

——無条件の即時降伏以外、いっさいの条件を認めず。

ＣＳＡ軍はこれを受け容れるよりほかなく、結局、一万五〇〇〇が捕虜となった。

ＵＳＡの新聞各紙は、グラントの名“Ulysses S”をもじった「無条件降伏のグラント〈Unconditional Surrender Grant〉」の見出しで、新たな英雄（ヒーロー）の誕生を伝えた。

一八五四年に過度の飲酒癖から退役を余儀なくされたグラントは、一般市民に転じたあと実業家として再出発した。だが、「相手の喉笛を掻き切る」ような情け容赦のない価格競争が支配した当時の産業界において、俄か仕込みの事業ことごとくに蹉跌（さてつ）する。このとき彼は、戦いにおけるひとつの教訓をえた。

――一時的な儲けに一喜一憂しても意味はない。損失に耐え続けた者こそが、最終的な勝者となる。

南北開戦によって軍務に復帰したグラントは、一軍を率いる地位に就いたとき、この教訓を戦場での勝利に活用しようとした。

四月六日、テネシー州中央部南端シャイローで、グラント軍四万はアルバート・ジョンストン率いるＣＳＡ軍の奇襲を受ける。辛うじて全面的な崩壊を免れたグラント軍は、翌七日早朝、軍勢を立て直すと、猛烈な反攻に転じた。そして、死傷者一万三〇〇〇をだしながら、ジョンストン軍を撃退したのである。

ＵＳＡ軍の辛勝に終わったものの、この会戦でグラントが見せた壮絶な指揮と凄惨な戦いぶりに、

――撤退の機会があったのに撤退せず、目先の勝利のために多大な犠牲を払った。

という非難が、軍内部や閣僚から噴出する。上官であったハレックにいたっては、グラントを罷免しようとさえした。そのなかで、

(この将軍は使える!!)

と膝を打った者がいる。ほかでもない、最高司令官のリンカーンだ。

(軍とは本来、その機能美を競うのではなく、その強さを競うものだろう)

マックリーランの大風呂敷と優柔不断な采配に辟易(へきえき)していたリンカーンの眼には、「勝ちが全てを決する」というグラントの単純明快な用兵が、むしろ好ましく映った。

(「連邦再統一」という政治目的を、武力によって完遂しようとするならば、叛乱軍をその意志ごと叩き潰す以外に道はない)

という決意を固めつつあったリンカーンにとって、「グラント」は特別な響きを持つ名前となる。

(こいつの頭のなかには「勝つ」ことしかない。ようやく、とことん戦ってくれる男が見つかったようだな)

とリンカーンは思った。

半島作戦の失敗とフレデリックスバーグ会戦の惨敗によって、「連邦再統一」への道が険しくなるなか、リンカーンはグラントという異才に微かな希望の光を見たのである。

ＵＳＡ反撃の狼煙(のろし)

第一次ブルラン会戦の敗北以来、前線から電信本部に届く苛酷で血腥(ちなまぐさ)い戦況報告は、政治的妥協によるＣＳＡの連邦復帰がもはや叶わぬ夢となった事実を、改めてリンカーンに突きつけてきた。

じつは大統領就任当初、南部一一州の連邦離脱に直面したリンカーンは、

――彼らが連邦に復帰してくれるなら、奴隷制を維持してもかまわない。

という懐柔的な姿勢を示している。

奴隷制反対を掲げて大統領に当選したにもかかわらず、である。多くの支持者たちは、当然にもこれを「変節」と批判し、怒りと失望をあらわにした。

しかし、戦争が長期化の様相を呈しはじめた頃から、リンカーンは政治目的を「ＣＳＡの連邦復帰」から「ＣＳＡ打倒による連邦再統一」に転換せざるをえなくなった。必然的に、マックリーランの半島作戦に象徴されるごとく、軍事行動は大規模化し、戦線は驚くほど広範囲に展開していく。

この時期、リンカーンは「戦争はあなたが望むときにはじめることができる。しかし、あなたの望みどおりに終わらせることはできない」というニッコロ・マキアヴェッリ〈Machiavelli,

Niccolò〉の至言を、苦い薬のように噛みしめていたのかもしれない。

（もはやこの戦争の完全勝利によってしか、「連邦再統一」にむかう道はない）

そう悟ったリンカーンは、起死回生の一手を打つ。ＵＳＡ軍の不甲斐ない戦績もまた、彼の決断をうながした。

（これで潮目を変えてやる）

一八六二年六月某日、電信本部にやってきたリンカーンは、いつものようにエッカートのデスクに腰を下ろした。物思いにふけるような表情で、ときにぼそぼそ独り言を呟いていたが、やがて、

「ちょっと書きものがしたい。紙をいただけないかね？」

とエッカートに声をかけた。

エッカートがすかし模様の入った大判の洋紙と暗号電信士たちにも配られていたジロット社製のペンを渡すと、リンカーンはすぐになにかを書きはじめた。

少し書いては、窓の外のペンシルヴァニア通りを眺め、また思い立ったようにペンを走らせる。と今度は、ひたすら考え込む風情で、身じろぎもしなくなった。

その間も戦地からは電文が届く。エッカートがそれらを見せても、リンカーンはひと言ふた言、短い言葉を発するだけであった。やがて窓の楣（まぐさ）にかかった蜘蛛（くも）の巣に気づいたリンカーンは、蜘蛛の動きを興味深そうに眺めだす。

その日の帰り際、リンカーンはエッカートに、

「この紙を大切にしまっておいてほしい。誰にも見せないように」

と命じた。

「承知しました」

とエッカートが答えると、

「君が見るのはかまわないが、それ以外の者には見せないように。明日まで抽斗（ひきだし）には鍵をかけておいてくれたまえ」

と念を押した。

翌日、電信本部に現われたリンカーンは、エッカートからその紙を受け取ると、昨日と同じようにエッカートのデスクに座ってペンを走らせる。

このような光景が数週間もくり返された。一行も書かない日があった。ペンを止めては、文章のひとつひとつを丹念に吟味し、推敲（すいこう）を重ねる。エッカートも暗号電信士たちも、リンカーンがいったいなにを書いているのか見当もつかなかった。

「これでよかろう」

七月も半ばを過ぎた某日、リンカーンはようやく謎の作業を終えた。

「これがなんだか、わかるかね？」

と訊かれたエッカートは、

「いえ、私には皆目」

　わかりません、と答えた。

「読まなかったのかい？」

「はい。一度も」

　リンカーンはふむと小さくうなずくと、

「この戦争を早いこと終わらせるために、南部の奴隷に自由を与える宣言書を作っていたのさ」

　と囁くような小声でいった。そして、驚いた表情で立ち尽くすエッカートに、

「官邸にいると、いろんな邪魔が入って考えがまとまらないから、ここで静かに仕事をさせてもらうことにしたのだよ」

　と悪戯っぽい笑みを浮かべながら片目をつむった。

　図版39のように、リンカーンが毎日、電信本部にこもって書きあげたのは、奴隷解放予備宣言の草案である。

　戦争に勝ち切り、「連邦再統一」を成し遂げるには、奴隷制廃止を宣言するに如かず、との政治的判断がそこにはあった。

　かねてからリンカーンとその支持母体である共和党は、奴隷制の拡大には反対してきたが、一八五七年三月五日のドレッド・スコット判決〔自由州での居住経験を根拠に「自由身分」をえ

図版 39　電信本部で奴隷解放予備草案を執筆するリンカーン

たとする奴隷のドレッド・スコットの訴えを連邦最高裁が斥け、「奴隷はあくまでも奴隷主の私的所有物に属する」とした判決）を否定しようとまでは考えていなかった。実際、「南部諸州の奴隷を解放するために戦争を続けたい」と主張する白人は、USAにおいても少数派であった。

だからこそ、七月二二日、リンカーンがこの草案を閣議に提出したとき、

――性懲りもなく、またもや変節するつもりか?!

と保守派は驚愕し、こぞって反対の声をあげる。

（変節であることなど、いわれなくてもわかっている。だから、批判は甘んじて受けよう。ただし、耳を貸す気など毛頭ない）

リンカーンは肚を括っていた。

ＣＳＡの独立阻止という消極的な目的では、泥沼に突入した戦争を勝利で幕引きすることなど、とてもできぬ状況なのだ。政治目的の転換を図らねば、戦争という手段による「連邦再統一」は覚束ない、というジレンマにＵＳＡは陥っていた。

閣議が紛糾するなか、国務長官スワードと財務長官チェイスは、

（たしかにここまでの戦況に照らせば、奴隷解放を宣言するのは、存外に妙手かもしれない）

とリンカーンに賛意を表した。

（少なくともイギリスへの牽制になり、外交上の懸念は大幅に払拭されよう）

イギリスの上流階級や知識人はかねてから奴隷制を嫌悪しており、一八〇七年には奴隷貿易禁止法を成立させている。そして、一八三三年の奴隷廃止法によって、同国植民地の奴隷八〇万が解放された。

こうした奴隷制に対する姿勢に照らすと、仮にリンカーン政権がＣＳＡとの戦争継続を「奴隷制廃止」という崇高な目的達成の手段であると正式に宣言すれば、当然のことながら、イギリス政府はＣＳＡに表立った支援ができなくなる。

だが、ＵＳＡ対イギリスという厄介な対立の構図が解消される反面、「ＣＳＡが連邦体制に復帰するなら、奴隷制存続もやむなし」とする政治的妥協の道は完全に閉ざされる。叛乱ＣＳＡを粉砕する以外に、「統一連邦体制の回復」を果たす道はなくなる。その意味では、まさに背水の陣を布くに等しい。

(問題はこれを実際に宣言する時機(タイミング)である)

スワードとチェイスが懸念するのは、まさにこの点であった。

「奴隷制廃止」を拙速に宣言すれば、内外の世論はこれをUSA政府の「自暴自棄(やけくそ)」と捉え、かえって反感と軽侮を招きかねない。

ふたりはリンカーンに、

「もしこの宣言を公(おおやけ)にするなら、いったいどの時機を考えているのかな?」

と問うた。

リンカーンは、霞(かすみ)のかかった山を眺めるような眼差しを、スワードとチェイスにむけた。唇には微かな笑みも浮かぶが、言葉を発する気配はない。チェイスは小さく咳払いをした。

「現在、我が方の戦況は芳しくない。この時機に奴隷の解放を宣言しても」

「大した効果は期待できない、か……」

とリンカーンはチェイスの言葉を継ぐように答えた。

「奴隷の問題を煽れば、敵の尻に火をつけることはできようが……」

チェイスのかたわらで、スワードが呟く。

CSAは奴隷を兵士として使用しなかったものの、要塞や塹壕の建設、食糧の運搬などに従事させていた。仮にUSAが奴隷制の廃止を宣言すれば、CSAの戦力に少なからぬ打撃を与えることはできる。

「勝利を、叶う限り大きな勝利を」

待たねばなるまい、とリンカーンは静かな口調でいった——

心待ちにした勝利はしかし、そのあともなかなか訪れなかった。それどころか、電信本部には敗戦の報があいついで送られてくる。

リンカーンがワシントン残留部隊を中心に編成したヴァージニア軍四万五〇〇〇は、ＣＳＡ首都リッチモンドとリー軍の拠点シェナンドア渓谷を分断すべく鉄道の要衝ゴードンズヴィルめざして南下するも、八月九日のシーダー・マウンテン会戦で「石壁」ジャクソンに敗北し、補給基地のあるマナッサス・ジャンクションまで撤退した。

八月一九日、『ニューヨーク・トリビューン』紙主筆ホーレス・グリーリー〈Greeley, Horace〉は「二〇〇〇万人の祈り」と題するリンカーン宛ての公開書簡を同紙に掲載、奴隷制廃止を連邦政策に採用することを求めた。

（そんなに急かしなさんな。急いては事を仕損じよう）

リンカーンは八月二二日付グリーリー宛ての書簡で、「この戦争の至上の目的は連邦体制を救うことであり、奴隷制を維持することでも、滅ぼすことでもない」と回答。敢えて本意を秘して、ひたすら時機をうかがった。

だが、戦況は一向に好転しないばかりか、さらに悪化する。八月二六日、マナッサス補給基地をジャクソン軍が急襲、豊富な食糧を強奪すると同時に、ヴァージニア軍司令官ジョン・

ポープ〈Pope, John〉少将と電信本部をつなぐ電信線を破壊した。

翌二七日、マナッサス周辺でヴァージニア軍とジャクソン軍の戦闘がはじまる。一年前のブルラン会戦と同じ場所でふたたびUSA、CSA両軍が激突したことから、第二次ブルラン会戦と呼ばれる。

一進一退の攻防が続いたが、八月二九日夕刻、ジェームズ・ロングストリート〈Longstreet, James〉中将率いる増援軍三万がジャクソン軍に合流すると、三〇日にヴァージニア軍の左翼に一斉攻撃を仕掛けた。ヴァージニア軍はヘンリーハウス・ヒルに押しもどされ、ポープは全軍退却の命令をださざるをえなかった。

一年前と同様、USA軍はブルラン川を渡って、ワシントンをめざした。唯一の違いといえば、このたびはいわゆる潰走ではなく、秩序立った撤退がおこなわれたことであろうか。

同日午後三時二〇分、ハレック宛てにマナッサスのポープから暗号電文が入った。そこには「昨日、敵軍と激しい戦闘。我が軍、疲労困憊のため、これ以上の進撃は不可能。死傷者は八〇〇〇を下らぬ模様。敵軍死傷者は我が軍の少なくとも二倍（中略）至急、食糧・生活物資がセンターヴィルまで届くように御手配を願う」とあり、発信は一〇時間前の「三〇日午前五時」となっていた。

直通電信線はジャクソン軍によって切断されていたことから、迂回経路を介してようやく届いたものであろう。暗号電文の確認にもかなりの時間を要したと推測される。ハレックがこれを受け取ったとき、勝敗はすでに決していた。

死傷者・行方不明者の数はＵＳＡ軍一万六〇〇〇、ＣＳＡ軍九〇〇〇。ポープが暗号電文で伝えた数字とは正反対である。ワシントンは一年前と同じく、傷病兵と落伍兵で溢れ返った。

（せっかくの弾も、このまま不発に終わるのか……）

さしものリンカーンも気力が萎えそうになった。ＣＳＡの独立が、俄然、現実味を帯びてきたからだ。

この大統領就任以来最大の危機を救ったのが、さきにふれた九月一七日のアンティータム渓谷会戦におけるＵＳＡ軍の勝利である。多大な犠牲のうえに辛うじて摑んだ勝利であったが、リーの「不敗神話」に初めて土を付けたことで、ワシントンは久々の明るい空気に包まれた。

（ようやく来たか）

この秋が、とリンカーンは満を持して奴隷解放予備宣言の発表に踏み切る。

リー率いるＣＳＡ軍がヴァージニア州に退いたという報を追いかけるように、リンカーンは九月二二日に臨時閣議を招集。そこで奴隷解放予備宣言の説明をおこない、閣僚たちの同意をえて新聞各紙に公表した。

「アメリカ合衆国大統領にして陸海軍最高司令官エイブラハム・リンカーンは、次のとおり布告し宣言する」という前置きではじまる奴隷解放予備宣言は、戦争続行の決意を表明したうえで、それが叛乱一一州＝ＣＳＡの連邦復帰および奴隷制廃止という政治目的を達成するためのやむなき手段であることを明確にした。

ただし、予備宣言が定めた一八六三年一月一日に「その日ただちに、またそれより以降永久に、自由を与えられる」対象となるのは、その時点でUSAに対して叛乱状態にある州、ありていにいえば、CSA領内一一州の黒人奴隷のみで、逆にUSAに留まった奴隷州〔ケンタッキー、メリーランド、デラウェア、ミズーリ各州〕の奴隷八〇万は対象外とされた。つまり、奴隷解放予備宣言は、CSAとの戦いを有利にすすめるための、軍事・外交上の策略にほかならなかったのである。

それにもかかわらず、リンカーンは「我々は連邦をいかにすれば救えるかを知っている。世界も我々のその立場を知っている。今日ここにある我々こそ、その力を握り、その責務を負っている。奴隷に自由を与えることにより、我々は、自由な人々に自由を確保することになる」という一二月一日付年次教書の一節によって、CSAとの戦いを「自由を守るための聖戦」へと昇華させた。

（戦争とは、つくづく偶然の積み重ねだ。その経過のなかで、当初の政治的意図とは全く異なる意図が新たに必要となることもある）

とくに国家の存亡がかかっている場合には、とリンカーンはみずからにいい聞かせた。

一二月一三日のヴァージニア州フレデリックスバーグ会戦での大敗、同三一日のテネシー州マーフリーズボロ会戦での辛勝を経て、一八六三年一月一日に奴隷解放最終布告、いわゆる奴隷解放宣言が公布される。

まさに「戦争プロパガンダの神業(かみわざ)」によって、リンカーンは戦争を妥協の余地なき絶対的な総力戦へと持ち込んだ。実際、「合衆国陸海軍に関する権限を持つ合衆国政府は、奴隷として所有されている人々が実際の自由をえるためにおこなう努力を抑制するいかなる行動もとらない」という一節に触発されて、三月一三日に陸軍最初の正式な黒人部隊〔士官は白人〕である第五四マサチューセッツ志願歩兵連隊〈The 54th Regiment Massachusetts Volunteer Infantry〉も結成される。

また、五月二二日に創設された連邦有色人種部隊〈United States Colored Troops：ＵＳＣＴｓ〉には、終戦までに約一七万九〇〇〇もの黒人が志願入隊している。当初の給与は、白人兵より六ドルも少ない七ドルで、昇進はほとんどなかった。にもかかわらず、黒人志願兵の五分の一にあたる三万七〇〇〇が戦死。これは白人兵の戦死率を大幅に上回る。

エドワード・ズウィック監督／フレディ・フィールズ製作の映画『グローリー〈Glory〉』〔一九八九年〕は、一八六三年七月一八日のワーグナー要塞攻略戦に参加した黒人部隊〔第五四マサチューセッツ志願歩兵連隊がモデル〕の悲劇的な運命を題材とした佳作である。そこに描かれたごとく、ＣＳＡにとって黒人部隊の存在は驚異であり、その奮戦ぶりは脅威となった。

また、ＣＳＡは「連邦体制からの独立」を主張、イギリスやフランスの承認を期待していたが、奴隷解放宣言によってその可能性は一気に萎(しぼ)んだ。就中、南部奴隷州に綿花供給を依存してきたイギリスは、ＵＳＡが「奴隷制廃止」を高々と謳うや、表立った介入を控えざるをえず、ＣＳＡからの武器注文に細々と応えるのが関の山となった。

開戦当初に老スコットが強行した大蛇（アナコンダ）作戦も、この時期になると、ＣＳＡ経済をじわじわと絞めあげつつあった。海上封鎖によって、ＣＳＡは戦争継続に必要な工業製品や食糧の慢性的不足を来す。

一八六三年春先からジョージア州アトランタ、コロンバス、オーガスタ、そしてノースカロライナ州ソールズベリ、ハイポイントで食糧暴動があいついだ。四月二日にはＣＳＡ首都リッチモンドで、主婦たちによるパン要求デモ行進が暴動へと発展、デーヴィス大統領が軍隊を出動させる騒ぎとなっている。

かたやＵＳＡ経済は、戦争の大規模化と長期化が生みだしたいわゆる特需を背景に、戦時景気へと突入、自慢の工業生産力を一気に開花させた。戦時行政においても、一八六三年三月三日に徴兵法が成立、七月の第一回徴兵審査は二五万三〇二六名が対象となった。同日、ＵＳＡ領内での反政府活動を厳しく取り締まるために、人身保護令の一時停止も施行されている。

勝敗の行方はいまだ定かでなかったが、戦争の趨勢（モメンタム）はあきらかに変化しつつあった。リンカーンは、政治目的の手段たるべき戦争を有効活用するために、政治目的そのものを変えるという、禁断の賭けに打ってでた。そして、形勢逆転の糸口を、その手にしっかりと握ったのである。

V　国家再統一とＵＳＭＴＣｓ
――最終任務、そして解散――

一八六五年の冬だった　誰もがみんな腹を空かせて　やっとのことで生きていた　そして五月の一〇日には首都のリッチモンドも落ちていた　その時のことはハッキリ覚えている　あの晩に俺たちの南部がダメになったんだ　勝利を告げる鐘の音があちこちで響いていた　あの晩に南軍は負けたんだ　勝利を祝う歌声が高らかに響いていた。

――The Band "The Night They Drove Old Dixie Down" より

総力戦の幕開け

奴隷解放宣言の公布によって、戦争が佳境を迎えるなか、ＵＳＭＴＣｓ隊員たちは配属された師団や部隊に随行しながら、銃火のなか岩陰や木陰や塹壕に身を隠し、ときに数千語におよぶ暗号電文を、方面軍司令部や各連係部隊に打電した。

戦闘が小康状態になると、図版40のように、電信本部への戦況報告と電信本部からの新たな指令の受信に忙殺される。無論、若き電信士とて生身の人間、電信機のそばでふと睡魔に襲われることもあった。だが、そんなときでさえ、受信機の発する金属音で、発条仕掛けの人形のごとく飛び起きた。

野戦・軍用電信網の機能が高まるほどに、リンカーンの電信本部詣でもますます頻繁になり、それにつれて最高司令官としての権限とそれを揮う能力もまた、開戦当初とは比較できぬほど向上した。

いま国家を一個の肉体に喩えれば、骨肉相食む内戦とて、その営みのひとつにすぎない。さすれば、リンカーンはみずから国家という肉体の頭脳となり、電信網という神経系統を介して、軍事という肉体器官の動きに指令を発することで、戦争という肉体の営みそのものを可能

図版 40　行進中の交信（左）／夜間の交信（右）

な限り制御しようとしたのではないか。

一八六三年六月一〇日、ジョゼフ・フッカー〈Hooker, Joseph〉少将が暗号電文を電信本部に送り、「リー将軍の北部侵攻によって手薄になったリッチモンドを攻略したい」と上申してきた。

「闘将ジョー〈Fighting Joe〉」の異名を持つフッカーは、一月二五日にバーンサイドからポトマック流域軍を引き継ぐ。自惚れが人一倍強いこの男は、リンカーンに対してぬけぬけと、「私ほど優秀な軍隊指揮官は、この世にふたりといないでしょう」といい放った。

だが、フッカーは五月二日のチャンセラーズヴィル会戦で兵力に劣るリー軍に翻弄された挙句、一万七〇〇〇におよぶ死傷者と捕虜をだして撤退する。樹海地帯にCSA軍をおびき寄せ、押し囲んで殲滅する作戦を逆手に取られ、燃え盛る灌木の森で多くのUSA軍兵士を焼死させたのだ。

にもかかわらず、功名心を隠そうともしないフッカーの厚顔無恥な態度に、

（この間抜けがッ!!　なにもわかっておらん）

とリンカーンは激怒し、ただちに暗号電文で返答した。

「フッカー少将　電文拝受。貴官が本日リッチモンドを包囲したところで、二〇日費やしても占領の見込みなし。その間に貴軍の電信網は破壊され、貴軍は殲滅されること必至。貴官の真の相手はリーなり。リッチモンドにあらず。（中略）機会を逃さずリー軍と交戦せよ。彼の赴く所ならどこにでも出没し、彼を苛立たせ、さらに苛立たせるべし」

そもそもリッチモンドになんの戦略的価値があるというのか。リッチモンドが落ちれば、CSAはサウスカロライナ州チャールストンか、ジョージア州アトランタか、いずれかに新たな首都を置くだけだ。そして、戦線を変えて反撃してくるだろう。貴官はそんなこともわからないのか?!――もはやこれは、大統領の電文ではない。まがうかたなき鬼将軍のそれである。

（リーをきちんと追跡しているか？）

そのあともリンカーンは毎日のようにフッカーに暗号電文を送り、その内容は日に日に鋭さと厳しさを増した。フッカーは次第に将としての自尊心（プライド）を傷つけられていく。

六月二五日、フッカーは自身の参謀長をワシントンに派遣し、リンカーンとハレックにポトマック流域軍の増員を請うた。「ワシントン防衛にあたっている部隊を回してほしい」という要求をにべもなく拒否された二日後の二七日、ハレック宛てにフッカーから暗号電文が届く。

「現行の兵力では責務を果たしえず。辞任を請う」というものである。

折しもリー率いるCSA軍七万はUSA領深部への侵攻を企て、メリーランド州からペンシルヴァニア州の近くまで北上、その州都ハリスバーグにせまっていた。

(司令官がいなければ、どうしようもなかろう)

生来の自惚れ屋であるフッカーにすれば、リンカーンへの脅し――いささか子どもじみた――のつもりであったかもしれないが、リンカーンはその心底をとっくに見抜いていた。

(慰留されると思っているようだが、飛んで火に入る夏の虫だ。その願い、聞き届けてやる)

いつポトマック流域軍とリー軍が戦火を交えても不思議ではない状況下、リンカーンはあっさりとフッカーの辞任を認め、その配下にあったジョージ・ゴードン・ミード〈Meade, George Gordon〉少将を新司令官に任命した。

(ミードはペンシルヴァニアの出身。故郷の防衛に死力を尽くすだろう)

そんな期待もリンカーンの胸中にはあった。

ミードは並はずれた戦略家ではない。ただマックリーランの気位も、バーンサイドの頑固さも、フッカーの顕示欲も持ちあわせていなかった。その代わり、現実に対峙して、与えられた任務の遂行に全身全霊で立ちむかう実直さを備えていた。

メリーランド州フレデリックの司令部で辞令電文を受け取ったミードは、すぐに「就任命令拝受。一兵卒として命令に従い、本官の全能力をこれに捧げる覚悟なり」と電信本部に返電、ポトマック流域軍一一万五〇〇〇を率いて北上を開始する。

六月三〇日、リーはポトマック流域軍の騎兵二個旅団がペンシルヴァニア州南部の静かな大学町ゲティスバーグに入ったことを知り、ミード率いる主力部隊が到着するまえに、ゲティスバーグ入りする部隊をつぎつぎに撃破しようと企図した。

（この戦法なら、彼我（ひが）の兵力差を克服できる）

と確信したリーは、ゲティスバーグ西側のキャッシュタウンに近いサウスマウンテンに全軍を集結させる。USA軍が頼みの綱とする野戦電信網は、すでにジェームズ・スチュアート〈Stuart, Jamese E. B〉少将の指揮する騎兵部隊があちこちで切断していた。

精密機械さながらの効率よさで、敵軍の動きを的確に予測し、攪乱（かくらん）するスチュアートは、「石壁」ジャクソンがチャンセラーズヴィル会戦での友軍の誤射（フレンドリー・ファイヤー）がもとで死亡したあと、リーが最も信頼を置く配下となっていた。

けれども、USMTCsが架設し、USMTCsが操作する野戦・軍用電信網は、自己修復機能を持つ細胞組織のような強靭（きょうじん）さによって、スチュアートさえも凌駕する。そこにリーの誤算が生まれた。

じつは「リー軍は北上を止め、ゲティスバーグに集結中」という暗号電文が、六月三〇日深夜、ペンシルヴァニア州ハリスバーグ駐屯地から電信本部にもたらされていたのである。これはペン鉄道の技師で、スコットと同様に軍務省の招聘を受け、軍用鉄道網の構築にあたっていたハーマン・ハウプト〈Haupt, Herman〉准将の的確な情勢分析によるものであった。

電信本部がこの報をフレデリック在のＵＳＭＴＣｓに回送したのは、ゲティスバーグで最初の戦闘がはじまる七時間前の七月一日午前一時。「受信次第、急ぎミード少将に届けよ」との指令を読んだＵＳＭＴＣｓ隊員アイク・フォンダとＬ・ローズは暗闇のなか早馬を飛ばす。ふたりがタニータウンのポトマック流域軍司令部に到着したのは午前五時一五分過ぎ。

（個別撃破か?!）

リーの意図を察知したミードは、ただちに主力部隊をゲティスバーグにむけて出発させる。タニータウンからゲティスバーグまでは約一五キロメートル。大部隊の移動には、ことのほか時間がかかる。ミード軍本隊の到着は七月二日午前一時であったが、幸運にもＣＳＡ軍の攻撃は午後四時まではじまらなかった。

その日、ＣＳＡ軍による左右両翼からの猛攻を辛うじて凌いだミードは、翌日リーが南北に長く伸びた陣列の中央部を衝いてくると予測、敢えてＣＳＡ軍を誘い込む作戦にでた。

七月三日午後一時、砲撃の応酬がはじまり、中央のＵＳＡ軍は耐えきれず避難、二時過ぎになるとＵＳＡ陣営の砲撃が次第に鳴りを潜める。これはミードが仕掛けた罠であった。

（敵陣の中央部にかなりの損害を与えることができた）

と思ったリーは、ジョージ・ピケット〈Pickett, George Edward〉少将率いる一一個旅団四二連隊一万二五〇〇に、USA軍陣地中央への進撃を命じた。

かくして半年前のフレデリックスバーグ会戦と同様の惨景が展開される。ただし、今回はUSA軍がCSA軍を高性能の銃火器で狙い撃ちにした。世にいう「ピケットの突撃〈Pickett's Charge〉」に参加したCSA歩兵一万二五〇〇のうち、帰還できたのは五〇〇〇にすぎず、あとの七五〇〇はもどらなかった。

こうして、乾坤一擲を狙ったリーのUSA侵攻作戦は失敗に終わる。ヴァージニア軍七万五〇〇〇の三分の一にあたる二万八〇〇〇が死傷・行方不明となった。敵領内では兵士や武器の補給は不可能であり、完全敗北といって差し支えない。

午後一〇時、雨のなかをCSA軍が退却していく。ミードはUSMTCs隊員ふたりをゲティスバーグ東二七キロメートルにあるハノーバー・ジャンクションに派遣した。そこからボルチモアを経由してワシントンへの電文送受が可能であり、七月四日午前四時にゲティスバーグでの「戦勝」を伝える緊急電文が、リンカーンや閣僚たちの待つ電信本部に打電された。

同日午前一〇時、電信本部から全国にむけて、ゲティスバーグ会戦勝利の発表が配信される。これを受信した各軍司令部、連邦や州の機関、新聞各社が、USA領内の人びとに、「USA軍、ペンシルヴァニアに侵攻したリー軍を撃退」という朗報を伝えた。

奇しくも合衆国独立記念日にあたるこの日、もうひとつの朗報が、ゲティスバーグから一六〇〇キロメートル離れたミシシッピ州ヴィックスバーグより電信本部にもたらされる。

同地はCSAの経済拠点のひとつにして、水上交通の要衝であり、難攻不落を謳われた天然の要塞でもあった。ここを落とせば、ミシシッピ川をUSA支配下に収めることができ、CSAの中心をなす南東部八州を内陸部に孤立させ、外部からの物資、武器、兵員の供給をほぼ完全に遮断（ストップ）できる。

攻略の指揮をとったのは、テネシー方面軍司令官に任命されたグラントである。一八六二年秋以降、グラントはシャーマンや海軍大佐デヴィッド・ポーター〈Porter, David Dixon〉と連係し、水陸両面からヴィックスバーグ攻略を試みてきたが、堅牢な防御のまえにあえなく撃退されていた。

しかし、一八六三年四月、グラントはシャーマン、ポーターと入念な作戦会議をおこない、大胆な渡河と陽動を組みあわせた攻略策に着手する。敢えて電信本部との交信を断ち、徹底した隠密行動をとることで、五月一四日にミシシッピ州の州都にしてヴィックスバーグへの補給拠点たるジャクソンの占領に成功した。

そこからグラント軍はヴィックスバーグ・ジャクソン鉄道に沿ってヴィックスバーグへと進撃。五月一九、二二日に強行突破を試みたあと、市街地への砲撃を含む包囲戦に切り替え、四七日後の七月三日にとうとう天然の要塞を陥落させた。

「素晴らしいことだ!!」

その翌日、リンカーンは「ヴィックスバーグ陥落」の報を持って官邸を訪れた海軍長官ギデオン・ウェルズ〈Welles, Gideon〉を長い腕で抱きしめた。

「一七七六年以来、最良の七月四日になったな」

リンカーンは電信本部に赴くと、満面の笑みを浮かべながら、エッカートや暗号電信士たちの肩を叩いて回った。

七月七日には、ヴィックスバーグの下流四〇〇キロメートルにあるハドソン要塞に籠城していたCSA軍七〇〇〇も、ヴィックスバーグ陥落を知って降伏した。

「川の父ミシシッピも、波おさまって海へとそそぐ」

リンカーンは、ミシシッピ全流域がUSA支配下に入ったことを、詩的な表現で讃えた。

こうして一八六三年夏以降、戦争の大局はUSAが掌握することとなった。のちに「近代戦の父」と呼ばれるシャーマンは、ゲティスバーグとヴィックスバーグ両会戦の意義を、左のように総括している。

「このふたつの会戦のあと、ようやく玄人（くろうと）の戦争がはじまった。ゲティスバーグとヴィックスバーグという学校で、USAの士官と兵士はおよそ高い授業料を払って、戦争のイロハを学んだというわけだ。こうして、きちんと任務を遂行できる旅団・師団・兵団ができあがり、我々は本職の軍人として、作戦に関する全ての責任をになうことができるようになったのである」

第一次ブルラン会戦に敗れたあと、「連邦再統一」を国家目的に掲げたUSAは、マックリーランの半島作戦に象徴されるごとく、リッチモンドをはじめとするCSAの主要都市に重点的な攻撃を仕掛けてきた。

これに対して、リーやジャクソンといった名将を擁するCSA軍は、南北が踵を接する東・中部海岸戦線、両国首都を中心とする東部戦線、ミシシッピ川に沿った西部戦線を転戦しながら、ときにワシントンに侵攻する動きも見せて、USA軍を翻弄していく。

その結果、どこかで会戦したあとは勝敗にかかわらず兵を返して休養し、次の会戦に備えるという伝統的な戦争のやり方ではいたずらに犠牲者をだしながら、これといった戦果もあげられないまま、戦争を膠着状態に置くだけとなった。

この苦い経験を糧に学んだ「戦争のイロハ」とは、㋑CSA軍を執拗に追撃してこれをひとつずつ殲滅していく→㋺そのために鉄道や水運の拠点、さらにはその背後に控える資源地域も攻撃対象とする→㋩それによって非武装民を否応なく戦闘に巻き込むことになるが、「独立」というCSAの目標を粉砕するにはやむなし、ということだ。

たとえば、㋑に関していうと、チャンセラーズヴィルでリーに惨敗したフッカーが性懲りもなくリッチモンド攻略を打診してきたことに対して、リンカーンは「リーこそが貴官の相手」と厳しくたしなめた。また、ゲティスバーグ会戦後、満身創痍のまま敵地に在ったリー軍をミードが追撃せず、むざむざ逃がしたことに対して、リンカーンは「黄金の機会を失った」と激怒している。

㋺については、ヴィックスバーグ攻略にさきだち、グラントが後方の補給基地＝ミシシッピ州都ジャクソンに容赦ない攻撃を実行した事実にふれねばならない。そして、要塞街ヴィックスバーグを包囲したグラントは、兵糧攻めにくわえて連日砲撃を敢行したことで、少なからぬ市民の生命まで奪った。これが㋩にあたる。

ここに開戦から二年を経て、マックリーランがポトマック流域軍で構築した大規模な近代的軍組織は、現実の戦いをとおして、総力戦の真髄を会得したグラントやシャーマン、ミードらに率いられることで、本来秘めたる威力を遺憾なく発揮しはじめた。

そして、敵軍の殲滅を第一義とした追撃・包囲・無差別攻撃を遂行する際、軍単位間の連係を保つのに必要な情報の交信を、広範に展開する戦線において担当したのがＵＳＭＴＣｓなのである。

いまゲティスバーグ、ヴィックスバーグ両会戦以降のＵＳＡ軍事情報通信体制を描くなら、図版41のようになるだろう。リンカーンは、空中を駿馬で翔(か)けて戦況を把握し、戦死すべき者を決めるワルキューレのごとく、戦線における諸将の戦いぶりを凝視(みつめ)ていた。ＵＳＭＴＣｓはワルキューレの駿馬としてリンカーンに仕えたのである。

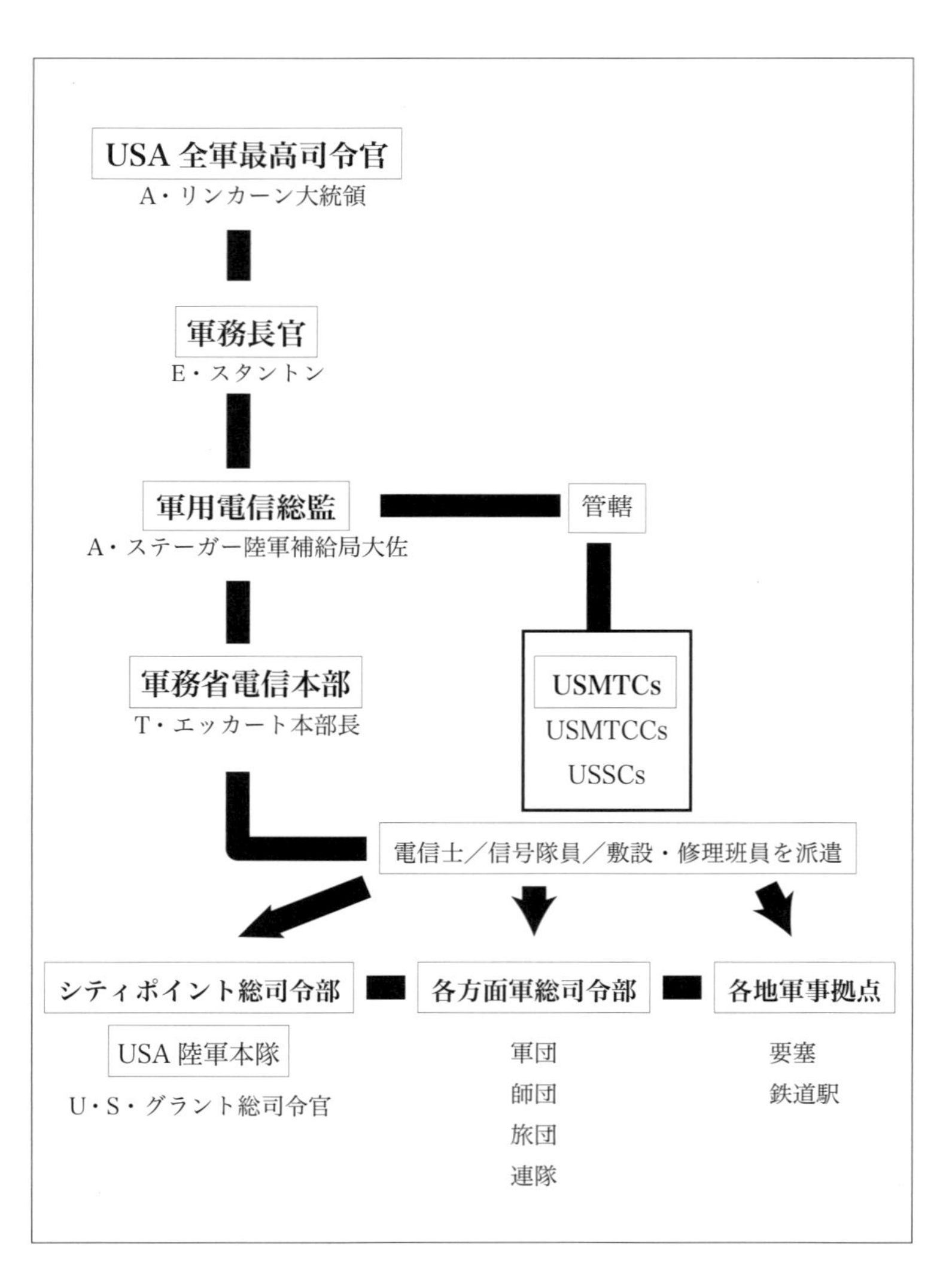

図版 41　ＵＳＡ軍事情報通信体制組織図

電信は銃砲よりも強し

開戦当初、電信本部↕各方面軍の電信による情報伝達は、その大部分が民間の鉄道・電信会社の保有する線（ライン）と局（オフィス）に依存していた。いうまでもなく、これらは固定型施設であり、転戦する軍隊の情報通信システムとしては限られた価値しか持たない。

しかし、ゲティスバーグ会戦とヴィックスバーグ要塞包囲戦が終わった頃、ＵＳＭＴＣｓとＵＳＭＴＣｓの活躍によって、ＵＳＡ軍は民間施設には依存しない、機動性に優れた独自の野戦・軍用電信網を各戦線に構築していた。

ここからは、本格的な総力戦に突入するなかで、ＵＳＭＴＣｓの操る野戦・軍用電信網がＵＳＡの軍事行動においてどれほど貢献したのかを、時系列的に追跡していきたい。

【一】一八六三年一〇月～一二月

一八六三年一〇月一七日に西部方面軍司令官を拝命したグラントは、一一月二四～二五日のチャタヌーガ〔テネシー州南東部〕会戦に際し、その前哨戦にあたるチカモーガ渓谷攻防戦〔九月一八～二〇日〕に敗れたカンバーランド流域軍司令官ローズクランズを更迭、野戦電信網を介してジョージ・トーマスの新司令官任命辞令を発した。

そして、チャタヌーガを包囲するＣＳＡ軍の中央と左翼をトーマスとポトマック流域軍に属するフッカーの部隊で攻撃しながら、手薄となった敵軍右翼を、ミシシッピ州から駆けつけたシャーマンの四個師団に衝かせる。

野戦電信網を効果的に駆使した三軍の鮮やかな連係が功を奏し、西部方面軍はＣＳＡ鉄道輸送の要衝チャタヌーガを制圧するとともに、テネシー川全域の支配権を獲得した。

このように、野戦電信網を介して絶えず情報を交換することで、たとえひとつの戦いに敗れても、別方面で活動する軍に来援を要請し、敵の穿(うが)った穴を迅速に塞ぐことが可能になった。その結果、敗戦の影響を最小限にとどめると同時に、反撃の機会を摑むことも容易になる。

電信本部と各方面軍司令部をむすぶ軍用電信網もまた、新たな戦略拠点となったテネシーおよびヴァージニアの両戦線で活発に機能しはじめた。テネシー戦線からの暗号電文はときに最大二四時間遅れて、ヴァージニア戦線からの暗号電文はさらに数時間遅れて、電信本部に届いたが、それでもリンカーンとスタントンは戦況をほぼ現時点(リアルタイム)に近いかたちで把握できた。

実際、この時期には、エッカート電信本部長の指揮下、暗号電信士たちが昼夜の別なくフル稼働している。「聖なる三人」はステーガーのオリジナルモデルを下敷きとして、いっそう緻密な暗号電信システムを開発する一方、盗聴や諜報活動で入手したＣＳＡ側の暗号通信文の解読にも力を発揮した。

一二月、ＵＳＭＴＣｓ隊員がＣＳＡ軍務長官の暗号電文二件を盗聴によって入手し、これを電信本部に送ったところ、「聖なる三人」はたちどころに解読。これによって、ニューヨークシティに潜伏するCSA諜報員やその協力者を逮捕し、さらには武器・弾薬の密輸船団も拿捕したのである。

【二】一八六四年一月〜六月

年が改まり、USAは一段と攻勢を強めた。戦争特需による未曽有の好景気がそれを後押しする。農村地帯では軍事動員による人手不足が一時深刻化したが、それがかえって耕運機、苗植機、刈取機、脱穀機といった農機具の普及を促進した結果、小麦や玉蜀黍（とうもろこし）などの食糧や衣料用繊維の生産量が飛躍的に増加。また工業生産では、石炭、銑鉄（せんてつ）、船舶、羊毛製品などが大幅な増産を遂げ、各州の主要都市では建築ラッシュもはじまった。

他方、CSAでは輸送網の破壊と物資の買い占めが異常な物価高騰をもたらし、ジョージア州アトランタ、アラバマ州モービル、ヴァージニア州リッチモンドといった主要都市で食糧暴動が発生。精強を誇ったCSA軍も次第に兵士の補充が困難となり、兵役の長期化によって脱走者も激増した。

こうした情勢のなか、電信本部にはノースカロライナ、ヴァージニア、フロリダの各州に展開する東部戦線の方面軍司令部、そして西部戦線におけるCSA側の鉄道輸送拠点ミシシッピ州メリディアンに侵攻中のシャーマンから、戦況を伝える暗号電文が頻繁に届く。

それらはヴァージニア州ハンプトンのモンロー要塞の電信線が一時切断された期間を除い

て、ほぼ発信日のうちに電信本部に到着している。リンカーンは軍用電信網を介して戦地から届く情報なしには、いかなる戦略的および政治的な決定も下せなかった。

三月八日、リンカーンの招待を受けたグラントは、一四歳の息子フレッドをともなってワシントン入りし、大統領官邸の歓迎会（レセプション）でリンカーンと初めて対面した。そして、翌九日、中将に昇進し、総司令官を拝命する。これにともない、戦略理論に長じた学究肌のハレックは陸軍参謀室長となった。

リンカーンがグラントに建国の父ジョージ・ワシントンと同様の地位を与えたのは、グラントを軍事的カリスマとして、全軍・全国民に印象づけようという思惑からだ。（半ば神格化したリーの軍才に対抗するには、こうした演出も必要であろう）

このあたりはまさに、熟達の弁護士が陪審員の心証を巧みに操作するかのごとき手並みである。

全軍の指揮権を握ったグラントは、西部戦線で共闘してきたシャーマンを西部方面軍司令官に任命し、ジョージア州制圧を命じた。また、首都ワシントンを脅かすCSA軍の拠点ヴァージニア州西部のシェナンドア渓谷には、フィリップ・シェリダン〈Sheridan, Philip〉少将の騎兵部隊を派遣したのである。

同時期、電信本部のベイツがしたためた日記には、「今夜は夜学の授業に出席できないほど多忙」〈四月七日〉、「二人の電信士が各軍に配属され、軍司令部と行動をともにすることにな

図版42　樹海地帯のグラント軍総司令部（中央切株に坐すグラント）

る」〈四月二八日〉、「本日は多忙で教会にもいけない」〈五月一日〉という記述が見られる。

グラントは総司令官の立場を利用し、この時期に顕著となった南北間の兵力差をさらに拡げようともくろんだ。まず、ワシントン守備隊を野戦要員に転じた。そのうえで、組織上はポトマック流域軍から独立するバーンサイド麾下（きか）の兵を、作戦上みずからの統制下に置く。この措置によって、グラントは一二万を超える有効戦闘兵力を確保した。以降、これがUSA陸軍主力となる。

四月九日、グラントはポトマック流域軍を率いるミードに「リーの赴く所なら、どこにでもいく」と宣言、執拗な追跡を開始した。五月五～七日ヴァージニア州の樹海地帯を舞台とした戦闘〈図版42〉において、USA軍主力はリー率いるCSA軍に手痛い敗北を喫するが、それでも野戦電信網を駆使して短期のうちに軍勢を立て直すと、リー軍の右翼を迂回して南下を続けた。

なお、五月五日の緒戦を伝える第一報は、四八時間以上を経過した五月七日に、それもニューヨーク・トリビューン社経由で、リンカーンやスタントンの待つ電信本部にもたらされた。ほどなくUSMTCCsがポトマック流域軍司令部と電信本部をつなぐ電信線の架設に着手、一ヵ月後の六月三日に開通させている。

五月九日からは樹海地帯の南東約一六キロメートルのスポットシルヴァニアで、グラントとリーの両軍がふたたび対戦、一二日の戦闘は早朝から深夜まで続き、南北戦争中で最も熾烈な様相を呈した。結局、一〇日にわたる攻防戦は文字どおりの傷み分けに終わり、USA軍の人的損失は死傷者一万一一九、行方不明八〇〇、他方CSA軍は死傷者九五〇〇、捕虜四五〇〇を数えたのである。

グラントは五月二一日にスポットシルヴァニアを放棄、東へ迂回して南進を再開した。リーのCSA軍は先回りするように南下し、ゲインズミル付近で南北に長い塹壕を掘り、防御陣形を取った。両軍はゲインズミルに近い街道の分岐点コールドハーバーを確保すべく、まず五月三一日に騎兵部隊を出撃させる。

翌六月一日、USA軍はCSA軍陣地に攻撃を仕掛け、雨天の二日を挟んで、三日夜明けとともに六万の大軍を一気に投入、正面攻撃を敢行した。わずか一〇分前後の大突撃で八〇〇〇近いUSA軍兵士が銃弾に斃れ、ゲティスバーグ会戦におけるピケットの突撃を彷彿(ほうふつ)させる地獄絵がふたたび戦場に描かれる。

この半月余りの戦いで、グラントは五万五〇〇〇もの死傷者をだした。兵士の犠牲を歯牙にもかけぬ無慈悲な采配に、ワシントンでは轟々(ごうごう)たる非難が湧き起こる。なかには、グラントの飲酒癖を中傷する声もあった。

これに対してリンカーンは、

「グラントの飲んでいる酒の名前を教えてくれないか。そいつをほかの将軍たちにも飲ませてやりたいんでね」

と皮肉をまじえたユーモアで切り返している。

(総司令官殿は決着のつけ方をよ〜くご存じだ)

リンカーンはここまでのグラントの戦いぶりを見て、そう確信していた。

(あちらが両膝をついたとき、こちらは片膝立ちしていればいい。あちらが四つん這いになったとき、こちらは両膝をついていればいい。あちらが倒れ伏したとき、こちらは四つん這いになっていればいい。あちらが息絶えたとき、こちらは倒れたまま喘(あえ)いでいればいい)

戦争は国力の全てを賭した消耗戦に入っていた。それはUSAの強みが最大限に発揮できる展開でもある。

死傷者数が拮抗する戦いは、戦争が継続する限り、人口の多いUSAに有利となり、人口の少ないＣＳＡに不利となる。実際、ＵＳＡ軍は脱走や兵役拒否に悩まされながらも、兵力の損失分をなんとか補填できたが、ＣＳＡ軍には人的損失から回復する力がほとんど残されていなかった。

（なんという男だ。ユリシーズ・グラント……）

リーは、前任のマックリーランとは全く異なる敵将の、大胆で冷徹な用兵に困惑した。

「数の優位は戦術においても戦略においても、勝利の最も一般的な原理である」という当たり前に対しては、名将リーとて為す術がなく、

（奴は自軍の敗北や犠牲に対して、なんの痛痒も感じないのか）

という批判めいた人格論を胸中おこなうしかなかった。

あまつさえ軍組織の構築には長けているが、万事慎重居士で定石をはずさぬマックリーランと較べて、グラントの采配は奔放、ときに定石を無視したでたらめにも映る。ここにきてリーは、その手の内を十分に読むことができなくなった。

グラントは多大な兵力の損失をこうむりながらも、六月一二日にコールドハーバーの陣地を密かに放棄して南下、ジェームズ川支流のアポマトックス川沿いにある鉄道輸送の要衝ピーターズバーグ攻略をめざした。

（ここを制圧すれば、リッチモンドへの物資や武器の供給を途絶できる）

当然、リッチモンドは自滅する、とグラントは考えた。

（リーは全軍を率いて、俺のまえに現われるだろう）

この時点でリーは、グラントのもくろみに気づいていない。

六月一五日、ＵＳＡ軍はピーターズバーグ郊外東側のディモック防衛線を攻撃、約一キロメートルにわたりＣＳＡ軍の塹壕陣地を占拠した。翌日午前中にはグラント率いるＵＳＡ軍主力がディモック防衛線の外側で戦闘配置につく。

このときＣＳＡ守備隊を指揮していたのは、あのボーレガード。六月一八日までに一万五〇〇〇の兵員を掻き集めたが、いかんせん多勢に無勢。絶望的な状況に陥ったとき、ようやくリー率いるＣＳＡ軍主力がピーターズバーグに到着し、堅固な防御陣形を敷くことができた。

（ここでリーを雪隠（せっちん）詰めにするよりほかないか……）

最初の正面攻撃で一万近い死傷者をだしたあと、グラントはＣＳＡ軍の塹壕防御線に平行してリッチモンド近くまで延びる約五〇キロメートルの塹壕を掘り、持久戦の態勢に入った。

ジェームズ川とアポマトックス川の合流点に位置する寒村シティポイントには、長期にわたる包囲戦に備えて、兵士約一〇万に日々の食糧や弾薬を供するための巨大な補給基地が建設される。基地内には、兵舎、野戦病院、郵便局、食糧庫にパン製造工場、軍馬と食用家畜の収容施設が設けられ、各戦線とつながる鉄道線路が敷かれた。

ＵＳＡ軍主力がＣＳＡ軍主力をピーターズバーグに封じ込めた頃、シャーマンはカンバーランド流域軍、オハイオ流域軍、テネシー方面軍をあわせた九万九〇〇〇の大兵力を率いて、チャタヌーガからジョージア州アトランタへと進撃しつつあった。ＣＳＡの工業・運輸の中心地である同地の攻略は、とりもなおさずＣＳＡの戦争遂行能力と戦意に決定的な打撃を与える。

じつはこの侵攻作戦にあたり、グラントはシャーマンに「ＣＳＡの軍事を支える全施設を、可能な限り破壊せよ」という機密命令を与えている。既述した「戦争のイロハ」㋺と㋩を、ふたりは実行しようとしたのだ。シャーマンのジョージア州侵攻は、ＣＳＡ徹底破壊作戦にほかならなかった。

「我が軍は土地を荒し尽くし、牛馬は小麦や玉蜀黍（とうもろこし）を跡形もないほど食い尽くすだろう。人びとは我々の襲来に慄（おのの）いて姿を隠し、あとは荒涼として草木一本も残らない。戦争とはどのようなものなのか？　それを知りたければ、我々のあとについてくるがいい」

六月二四日の日記に、シャーマンはこうしたためている。

この破壊の軍団に対峙したのが、リーと双璧をなすＣＳＡ軍の名将ジョンストン。シャーマン軍一〇万とジョンストン軍六万は、六月二七日、アトランタ北西約三〇キロメートルのマリエッタ背後に聳（そび）えるケネソー山で、最初の戦火を交えた。さきに紹介したビアスの短編「生死不明の男」は、この戦闘に着想をえて書かれたものだ。
シャーマンは後年、左のように回想している。

「ジョンストン軍の中央を衝くとき、私は戦場全体を一望し、軍のあらゆる部署と連絡を密にするために、カンバーランド流域軍後方の丘に陣取り、電信線をそこまで引っ張ってこさせた。電信は旗や灯火の信号とは比較にならないほど優れていたよ」

シャーマンは犠牲者三〇〇〇をだしながらもジョンストン軍をアトランタ北一〇キロメートルのピーチツリー川まで後退させたが、以降は無理な攻撃を仕掛けず、兵力を温存しながら迂回と南下をくり返し、アトランタへと着実に軍をすすめていく。

ジョンストンは妻への手紙で、「シャーマンときたら、余りに慎重で、ちっとも攻撃の糸口が見つからない。きゃつの軍はなにかあるとすぐ塹壕に隠れるんだから」とこぼしている。

すでにＵＳＭＴＣＣｓはアラバマ、ジョージア両州にも野戦電信網を敷きつつあった。シャーマン軍と足並みを揃えて、アトランタにまで引かれた電信線もある。

そして、それらは、グラントの陣取るシティポイントにもつながった。ＵＳＡ軍総司令部はアポマトックス・プランテーションに立つ小屋に置かれ、その正面には電信基地も設置されていた。

そこから東部戦線の各司令部、さらにはジョージア州に進撃中のシャーマン軍やその他の方面軍をむすぶ電信線も架設された結果、グラントは一二万八〇〇〇キロメートル四方の広大な空間に展開する五〇万兵力の動きを、ほぼ現時点(リアルタイム)で把握することが可能となったのである。

【三】一八六四年七月〜一二月

電信本部↕シティポイント総司令部↕各方面軍をつなぐ野戦・軍用電信網は、その機能と効率性を加速度的に高めていた。

ベイツは八月三〇日の日記に、「本日、モンロー要塞とシティポイントに軍用電信線架設。ワシントンからシティポイントへの直通電信が可能となる。距離は六八〇キロメートル。一一本の電信線が走り、そのうちモンロー要塞を始点とする線が四〇キロメートルにして最長」と記している。

ワシントン↕シティポイント間の直通電信線は、ベイツが特記したように、文字どおり軍事の生命線(ライフライン)であった。これよりまえの七月九〜一一日、ジュバル・アーリー〈Early, Jubal A〉准将が騎兵部隊を含む二万を率いてワシントンに奇襲攻撃を仕掛けている。ピータースバーグ＝リッチモンド防衛にあたるリーが、ＵＳＡ軍の包囲網に綻びを作り、反撃の機会を摑もうと企てた陽動作戦であった。

このとき、メリーランド、デラウェア両州のＵＳＡ軍司令官を務めていたのがルイス・ウォレス〈Wallace, Lewis "Lew"〉少将。のちに長編歴史小説『ベン・ハー〈*Ben-Hur: A Tale of the Christ*〉』〔一八八〇年〕を著す才人である。

ウォレスはシティポイントのグラント司令部宛てに「援軍急派」を要請する緊急電文を発するとともに、義勇兵二五〇〇を率いてアーリーが占領したメリーランド州フレデリックに急行した。

七月九日、フレデリック近郊のモノカシー川一帯で、ウォレス軍二五〇〇とシティポイントより急派された一個師団五〇〇〇が、アーリー軍の進撃を辛くも食い止める。最終的に、ウォレスは兵士一八〇〇を失ってボルチモアに退却したものの、その間にシティポイントから派遣された援軍第二陣がワシントンに到着。一一日からワシントン北方のスティーブンス要塞を拠点に反撃を開始している。

七月一二日、アーリーはワシントン攻略をあきらめ、シェナンドア渓谷に撤退した。USA自慢の野戦・軍用電信網がリーの乾坤一擲からワシントンを救ったわけだが、みずからスティーブンス要塞を訪れて銃弾飛び交うなかで将兵を鼓舞したリンカーンは、アーリー追撃を怠ったグラントに、八月三日午後六時、厳しい叱責の暗号電文を送っている。曰く、

「すでに私は『敵軍を南に追い詰め、アーリーを殺害するまで追い掛けろ』という電文を貴官に送っていたはず。（中略）くり返しいう。毎日、否、毎時間、貴官は私からの電文を読まず

して、いかなる行動も起こすべからず。これは強制なり」

マックリーランほど露骨で極端な態度はとらぬものの、グラントも「軍事のことは前線の将に任せよ」という考え方を持つことに変わりはなかった。それだけに、この電文はグラントを震撼せしめると同時に、最高司令官たるリンカーンの揺るぎなき権限を、当のグラントのみならず、全軍の将たちにも強烈に印象づけることとなった。

八月半ば、グラントはハレックに、ピーターズバーグ包囲戦貫徹の決意を改めて表明する。この電文に接したリンカーンは、八月一七日、苛烈な命令を暗号電文でグラントに送った。

「獲物に噛みついたら離さないブルドッグのように、同地を死守すべし。とことん噛みつき、そして、噛み殺せ」

ところで、USAがアーリーの奇襲を辛うじて凌いだ数日後の七月一七日、CSA軍内に大きな変化が生じた。CSA大統領デーヴィスが西部方面軍司令官ジョンストンを更迭、猪突猛進型のジョン・フッド〈Hood, John B〉少将を後任に据えたのである。

ケネソー山会戦以降、ジョンストンはシャーマン軍との戦闘を避け、兵力を温存しながら秋にせまった大統領選でリンカーンが敗北するのを待つ、という作戦に切り替えた。この時期、戦争の泥沼化がＵＳＡ国民のあいだに厭戦気分を生みだし、リンカーンに対する不信感を高めつつあったからだ。ジョンストンはこれに付け込もうとした。

しかし、不利な戦況に焦りを深めるデーヴィスの眼には、皮肉にも、これが臆病な消極策と映ったのである。

（天佑（てんゆう）か?!）

ジョンストン更迭の報に接したシャーマンは、

（アトランタでジョンストンとの決戦を覚悟していたが）

これで随分と楽になる、と小躍りした。

新司令官を拝命したフッドは勇み立ち、七月二〇日にアトランタ北方約五キロメートルを流れるピーチツリー渓谷でシャーマン軍を攻撃するも、四〇〇〇の死傷者をだして後退。二二日にバンドヴィル、二八日にエズラ・チャーチでも、それぞれ無謀な攻撃を仕掛けた挙句に、ＵＳＡ軍に倍する死傷者をだして敗北した。

（ジョンストンよりも数段劣る奴だが、窮鼠猫を噛む、ということもあろう）

シャーマンは、アトランタ周辺で防御陣形を敷いたＣＳＡ軍に対して、兵士の犠牲をともなう正面攻撃を避けて包囲戦に入った。

（いまから戦争とはなにかを、反逆者たちにたっぷりと教えてやる）

シャーマンはチャタヌーガから二門の攻城砲を移送するなどして、大小さまざまな砲を揃えると、市内への砲撃を開始した。

マーガレット・ミッチェル〈Mitchell, Margaret M〉は『風と共に去りぬ〈*Gone With the Wind*〉』〔一九三六年〕に、「北軍の砲兵隊はアトランタを攻撃しつづけ、家にいる人びとを殺し、建物の屋根を吹き飛ばし、通りに巨大な穴をうがった。住民はできるだけ地下室や待避壕や、鉄道線路に掘った浅いトンネルに隠れていた」と記している。

実際、USA軍は八月九日の一日だけで、九五〇〇発におよぶ砲弾の雨をアトランタにこもるフッド軍三万七〇〇〇と一般市民一万のうえに降らせたのである。

八月三一日、USA軍はアトランタの南二五キロメートルのジョンズボロを攻略、メイコン・アンド・ウェスタン鉄道を制圧し、アトランタへの補給路を完全に遮断した。九月一日夜、フッドは弾薬に火をつけ、三万五〇〇〇の兵を率いてアトランタを放棄。翌朝、シャーマン軍は燃え盛る炎に照らされたアトランタに入城する。

九月三日、電信本部でスタントンがリンカーンに一通の電文を手渡した。そこには「シャーマン少将、アトランタを奪取」とあった。リンカーンは狂喜し、「この壮挙は戦史に特筆大書されねばならない」と称賛している。大統領選までは、わずか二ヵ月しかなかった。

付言すると、このときリンカーンの対抗馬として民主党の大統領候補に指名されたのが、ほかならぬ、元陸軍総司令官ジョージ・マックリーラン。いまだ国民のあいだで人気が高かった彼は、和平交渉による戦争終結を選挙綱領にかかげて、リンカーンの再選を阻もうとした。だが、シャーマンによるアトランタ攻略は、打倒リンカーンを狙ったマックリーランの攻勢を打ち砕くこととなったのである。

一〇月一日、アトランタ南方のパルメットにとどまっていたフッドは、失地奪回を狙ってアルトゥーナ近郊の鉄道路線を破壊、併せて電信線を切断する。だが、ＵＳＭＴＣｓがすぐにこれらを修復、シャーマン軍↕シティポイントのグラント総司令部↕電信本部間の交信がおおむね同日内には完了する体制を維持した。

一〇月九日、アトランタで兵を休めるシャーマンは、自軍の「飼料不足」をシティポイント総司令部と電信本部に打電したが、同日、テネシー州ナッシュビルに駐屯するトーマスから「飼料はただいま前線にむかう途上なり」との電文を受け取った。

このときシャーマンは、「なんと二四〇〇キロメートルも彼方に走る電信線が、グラント将軍も知らない正確な情報を、一日とかからぬうちに、私のもとに届けてくれた」と喜んだ。のちの回想でも、「電信の価値はどれほど評価しても決して過大ではない。ヴァージニアとジョージアの軍隊が完全に足並みを揃えた行動をとれたのも電信のお陰である」と述懐している。

アトランタ攻略後もしかし、フッドの抵抗に遭ったシャーマンは、以降のジョージア州制圧戦に際して、軍ならびに軍事施設だけでなく、鉄道、工場、商店、プランテーション農場といった民間施設も容赦なく破壊の対象とすることを決意。

「チャタヌーガ以東の鉄道を破壊し尽くし、ミレッジヴィル、ミラン、サヴァナにむけて進軍することを提案する。鉄道、家屋、住民を徹底的に叩きのめし、軍事資源を根絶やしにすることで、ジョージア州を泣き喚かせる所存なり」

という無慈悲な文言を連ねた電文で、グラントに作戦遂行の許可を求める。最終的にふたりは「CSAの戦意を完全に砕くためにはやむなし」という認識で一致、作戦実行を決定した。

一一月一五日夜、シャーマン軍は、アトランタ市内の工場や倉庫に火を放って市街地の四割を灰にし、線路や橋梁のことごとくを破壊。『風と共に去りぬ』が「死の気配がただよい、生きているものには、人っ子ひとり、動物一匹にも出くわさない」と描いた惨景を現出させる。その翌日、炎上するアトランタをあとに、大西洋岸への進撃を開始。後世、シャーマンに「近代戦の父」という称号を与えた「海への進撃」である。

(この行軍の目的はひとつ。CSAを反逆者として徹底的に鞭打ち、その自尊心を粉々に打ち砕いて、とことんまで追い詰めることで、我がUSAに対する恐怖心を植え付けることだ)

とシャーマンは腹を決めていた。

このとき、アトランタを放棄したフッドがシャーマンに対して、

「貴官が命じた戦史に前例なき破壊行為に対して、神と人間性の名において抗議する」

という異例の書簡を送っている。

これを読んだシャーマンは、

「俺を野蛮で残酷と責めるならば、戦争は戦争であり、人気取りの手段ではない、と答えるしかあるまい。もし和平を望むのなら、ＣＳＡの指導者たちこそが、さきに戦争を止めるべきだろう」

と側近に洩らしたという。

六頭の騾馬が曳く輜重車二五〇〇台をともない、幅約一〇〇キロメートルに拡がってすすむ六万二〇〇〇の大軍団は、右掲電文のとおり、リー軍とフッド軍への主な物資・弾薬・食糧の補給源を粉砕すべく徹底的な焦土作戦を展開した。

シャーマンは自軍の兵站補給線を敢えて放棄し、「食糧の徴発は自由」という行軍方針をとる。その結果、兵士たちは武装遊牧民と化し、行く先々で略奪行為を働いた。そして、貯蔵物資や収穫前の作物を焼き払い、家畜を斬殺し、綿繰機や紡績工場を破壊する。就中、兵員・軍事物資の輸送をになう鉄道網は復旧不能に陥った。図版43はその様子を描いたものだ。

『風と共に去りぬ』には「ＵＳＡ軍は枕木をはずしてたき火をおこすと、レールをねじ取り火にくべて真っ赤に焼いた。その焼けたレールをねじって電信柱に巻きつけていったのだが、まるで巨大なコルク抜きみたいだった」と描写されている。醜怪な鉄のオブジェはまさに、

図版43「海への進撃」における破壊行為

シャーマン軍によるＣＳＡ蹂躙（じゅうりん）の象徴（シンボル）となった。

付言すれば、シャーマンが敢行した殲滅戦略——銃後の市民を、軍事を下支えする基盤と見なして攻撃の対象とする——は、以降、「アメリカ型戦争様式〈American Way of War〉」として引き継がれ、軍事技術の急速な発展と歩調をあわせながら、規模と破壊性を高め、遂には太平洋戦争での原爆投下を含む戦略爆撃で頂点を迎えることとなる。

話をもどすと、東部戦線ではグラントがシェリダンとデヴィッド・ハンター〈Hunter, David〉の両少将に、ＣＳＡ軍の食糧供給地シェナンドア渓谷の完全制圧を命じている。当初、ＣＳＡ軍決死の抵抗に遭って敗退をくり返したシェリダン＝ハンター軍であったが、一〇月一九日、シダー渓谷会戦でシェリダンの騎兵部隊が五六〇〇の犠牲をだしながらもＣＳＡ軍を撃退、シェナンドア一帯を支配下に置いた。

「カラスでもこの渓谷を飛ぶときには、自分の食糧を携えねばならないほど、すすむ限り徹底的にヴァージニアを破壊せよ」とは、グラントがハンターに宛てた暗号電文の一節である。

その言葉どおり、シェリダン＝ハンター軍は、ＣＳＡ軍を掃討するだけでなく、渓谷の町や村で略奪行為を働き、家屋を破壊し、穀物を焼き払い、家畜を殺した。豊かだった穀倉地帯は見る見るうちに荒廃し、冬が訪れたとき、ＣＳＡ軍は飢餓に苛まれることとなる。

その間、西部戦線でフッド軍を牽制していたトーマスは、グラントとスタントンから送られてくる「攻撃督促」の電文を敢えて無視しながら機会をうかがう。そして、一二月一六日、みぞれが降る悪天候にフッド軍兵士の気力が萎えた頃あいを見計らい、一斉攻撃を仕掛けて、三人の将軍を含むＣＳＡ軍四四〇〇を捕虜とし、七二門の砲を奪取している。

驚異的な範囲において展開するＵＳＡ軍の巧みな連係・陽動作戦に抵抗する力が、もはやＣＳＡ軍には残されていなかった。あまつさえ東部戦線では、リー軍がピーターズバーグに封じ込められ、西部戦線ではフッド軍が事実上の崩壊状態にあった。

シャーマン軍六万二〇〇〇は、軍服の色からまるで青い蝗(いなご)の群れであった。彼らは略奪と破壊に明け暮れながら、四〇〇キロメートルにおよぶ行軍を経て、一二月一〇日、遂に大西洋岸の港町サヴァナ近郊に到着する。二〇日にＣＳＡ守備隊一万五〇〇〇が撤退し、シャーマン軍は悠々とサヴァナを占領した。ここに、ＣＳＡ領は南北に引き裂かれて、決定的な打撃をこうむったのである。

一二月二二日、シャーマンはＵＳＡ海軍の通信網を使ってリンカーンの待つ電信本部に「本官は大統領閣下にクリスマス・プレゼントとして、一五〇門の大砲、大量の弾薬、約二二五キログラムの綿花を添え、サヴァナの町を贈呈するものなり」と打電した。

これをクリスマス当日の二五日に受け取ったリンカーンは、翌二六日シャーマンに、

「貴官のクリスマス・プレゼント『サヴァナ占領』に感謝また感謝。貴官の仕事は大成功、その栄誉は全て貴官に帰すものなり。今後いかがするや？　それについてはグラント総司令官と貴官の決定に委ねるのが最善と愚考す。いまは貴官配下の全兵員に、私の大いなる感謝の意を伝えられんことを望む」


という賞賛の電文を送っている。

シャーマン軍のアトランタ進撃からサヴァナ攻略にいたる一八六四年最後の四半期は、ＵＳＭＴＣｓとＵＳＳＣｓとが密接に協力して、グラント総司令部と各方面軍司令部とのあいだでの、迅速で円滑な情報交換を可能とする軍事情報通信体制を完成させた時期でもある。

じつはマイヤー更迭後も、ＵＳＳＣｓは得意の旗振り信号法によって、ＵＳＭＴＣｓの野戦・軍用電信網の空白(ブランク)を埋める役割を果たしていた。グラントは、その働きを左のように評し

図版44 USSCsの活躍（左：エルク山の信号櫓／右：ラピダン川付近の偵察）

ている。

「USSCs隊員は、行軍に際して先頭をいき、あるいは側面をいき、晴天なら周囲を一望できる高地に陣取り、晴天でないときは一番高い木に登り、旗振り信号で自軍の各隊の所在と敵の動きを伝達した。彼らはまた、敵方の通信を横取りしたり、それを解読したりした。ただし、時間がかかりすぎて、せっかく情報を横取りしても役に立たないことがままあった。しかし、彼らはおおむね有益な情報を我が軍にもたらしてくれた」

図版44はUSSCsの活動を撮ったもので、右はヴァージニア州オレンジ郡ラピダン川近郊の丘から双眼鏡で周囲を偵察しながら、望遠鏡で味方の旗振り信号を確認している様子。また、左はアンティータム渓谷を一望できるメリーランド州エルク山に丸太を組んで作った櫓（ろ）から味方の旗振り信号を確認している様子である。

【四】一八六五年一月〜六月

明けて一八六五年、グラントは一月一五日に海軍との共同作戦で、ノースカロライナ州ケープフィア河口のフィッシャー要塞を攻撃する。その上流四〇キロメートルに位置する河港ウィルミントンは、USA海軍による海上封鎖を突破して大西洋からもたらされる食糧や弾薬を、ウィルミントン・ウェルドン鉄道でピーターズバーグとリッチモンドに輸送する補給拠点であった。死傷者一五〇〇をだしながら、フィッシャー要塞を攻略したグラントは、ピーターズバーグとリッチモンドを孤立させることに成功した。

一月三一日には、ワシントンで重要な政治的動きがあった。リンカーンは前年一二月六日付年次教書で「奴隷制廃止がもはや既成事実になった」として、議会に憲法修正を発議するよう勧告していたが、それが下院で三分の二の賛成をえて可決される。ここに、奴隷制廃止に関する合衆国憲法修正第一三条が、全州の四分の三の批准を求めて各州に送られたのである。

その翌日の二月一日、ジョージア州を蹂躙したシャーマン軍がサヴァナを出発、一七日にサウスカロライナ州都コロンビアを占領すると、街中に火を放ち、三分の二を焼き払った。その勢いのまま一八日には、海軍の支援をえて、サウスカロライナ繁栄の中心地にして、南北戦争勃発の地ともなったチャールストンに入城している。

三月、ノースカロライナ州に入ったシャーマン軍は、焦土作戦を遂行しながら、ヴァージニアのグラント軍との合流をめざした。途中、軍役に復帰したジョンストン率いるカロライナ方面軍を撃破すると、州都ローリーを攻略して両カロライナの制圧を終え、グラントの待つヴァージニアへと北上を続ける。

こうして、北からはグラント率いるUSA軍主力、南からはシャーマン率いる破壊の軍団に挟撃されるかたちで、CSA最後の軍事拠点ピーターズバーグと首都リッチモンドの運命は風前の灯火となった。

グラントは各方面軍の優勢が確実になると、リー軍の立てこもるピーターズバーグに最終攻撃をおこなうべく兵力集結を開始した。師団や部隊の移動命令が、USMTCsの維持する野戦・軍用電信網を頻繁に行き交う。

USA軍の総攻撃が間近にせまるなか、CSA軍総司令官を拝命したリーは、ピーターズバーグ塹壕を脱出し、リッチモンドを放棄したうえで、ノースカロライナ州のジョンストン軍と合流する以外に再起を図る道はない、と考えた。

脱出作戦の一環として、リーはジョン・ゴードン〈Gordon, John B〉少将に兵員の半分を預け、三月二五日払暁、USA軍左翼のステッドマン要塞を奇襲させる。奇襲部隊は要塞を一時占拠、USA軍の電信線を切断して、グラントとミードの司令部を分断した。

しかし、戦場に張り巡らされた野戦電信網は、切断箇所を迂回しながら、「敵軍左翼突破、ステッドマン要塞を占拠、シティポイントに移動中」という電文を各司令部に届ける。USA

軍はただちに反撃を開始、ほどなくステッドマン要塞をゴードンの奇襲部隊から奪回した。

その間、ＵＳＭＴＣＣｓが切断された電信線を素早く修復すると、戦況報告を受けたグラントとミードは電信網を介して兵力をまとめ直し、二個師団をＣＳＡ軍正面に投入する。そして、四時間におよぶ激戦の末、逆にＣＳＡ軍前哨陣地にまで食い込んだ。ステッドマン要塞の攻防戦は、改めて野戦電信網の真価を南北両軍の司令官たちに認識させることとなった。

その三日後の三月二八日、ＣＳＡ領焦土作戦を完遂したシャーマンが、シティポイント沖に停泊するリヴァクイーン号船室で、リンカーン、グラント、ポーターと会見している。シャーマンとグラントが顔をあわせるのは、ジョージア州侵攻の直前以来、久々のことであった。アトランタ攻略に続く「海への進撃」では、帰還命令のだされることを懸念したシャーマンが意識的に総司令部との連絡を絶っていたからだ。軍務省のほうでは、ＣＳＡ側から入手した新聞各紙を介して、シャーマン軍の動向を把握しようとしてはいたが……。

リヴァクイーン号船室では軍議が催され、その焦点はＣＳＡに科す降伏条件であった。じつは二月三日午前、同じ場所でリンカーンはスワードとともに、ＣＳＡ密使団〔副大統領アレグザンダー・スティーブンズ、軍務次官ジョン・キャンベル、上院議員ロバート・ハンター〕と非公式の和平交渉をおこなっている。このときＣＳＡ側は「連邦復帰」への意志を全く示さず、交渉は物別れに終わった。

このことも踏まえて、グラントとシャーマンは、ＣＳＡ軍が最後まで抵抗するであろうとの見解を示し、武力による完全決着を主張した。かたやリンカーンは意外にも、可能ならば最終攻撃をおこなわずに終戦に持ち込みたいと語り、両雄を鼻白(はなじろ)ませる。

（疲れておられるのだ。それがいま敵への情けというかたちで表れている）

危険だ、とふたりの卓越した軍人は、リンカーンの憔悴(しょうすい)した表情を眺めて思った。

（手負いの灰色熊(グリズリー)には無用の情けだ）

ＣＳＡ軍服の色に擬(なぞら)えて、グラントとシャーマンは厳しい表情でリンカーンに武力決着をせまる。

（リーは尋常の将ではない）

ふたりはすでに、戦場で何度もそのことを思い知らされてきた。

無論、リンカーンとて軍用電信網を介して、みずからが戦場にいるかのような心持ちで、この戦争の勝利に全身全霊を賭してきた。その戦況分析と指令の数々は、現場の指揮官以上に的確であり、峻厳であり、冷徹であり、しかも日々鋭さを増していた。

だが、電信本部は、戦場そのものではない。そこに無残な肉塊と化した兵士の屍はなく、瀕死になりながらもなお悪鬼のごとき形相で銃剣を構えようとする敵兵もいない。

「これ以上の流血は必要ない。私は誰も罰しようとは思わない。反乱軍の将校も兵士も、みんな自由にしてやろう」

リンカーンの言葉に、グラントは静かに耳を傾けながら、

（勝利が、勝利だけが、全てを解決する答えである）

と総司令官としての決意を固めていた。

船上の軍議を終えた翌日、グラントは総司令部をシティポイントから最前線に移す。

——これが最終決戦になる。

将兵全員が覚悟を決めた。

三月二九日、包囲網を構成する全方面司令部の受信機がつぎつぎと金属音を奏で、総司令部からの攻撃命令を伝えた。

まず、CSA軍右翼を追跡していたシェリダン軍二万六〇〇〇が、ピーターズバーグ西方二〇キロメートルのファイブ・フォークスで、ピケット軍一万一〇〇〇と遭遇。四月一日の激戦に勝利して、五二〇〇のCSA兵士を捕虜にした。

右翼崩壊でCSA軍が浮足立つのを見たグラントは、四月二日、長い塹壕に守られたピーターズバーグへの総攻撃を全軍に命じる。USA軍一一万五〇〇〇に対して、CSA軍はその半分以下の五万四〇〇〇。ピーターズバーグの陥落は、そのまま首都リッチモンドの陥落につながる。

この絶体絶命の危機を打開しようと、リーはふたたびUSA軍左翼を衝くが、多大な犠牲をだして失敗に終わった。さしもの名将も、圧倒的な彼我の兵力差をいかんともし難く、その日の夜、ピーターズバーグ＝リッチモンド防衛の放棄を決意、全軍に脱出命令を発した。

それと同時に、「リッチモンド放棄やむなし」という電文をデーヴィス大統領に送る。デーヴィスはただちに閣僚数名をともなって、特別列車でリッチモンドを脱出、仮首都ダンヴィルへと落ちた。

四月三日午前九時三〇分、電信本部でモンロー要塞とつながる回線を担当していた一五歳のウィリー・ケトルズ〈Kettles, Willie〉は、「いまからリッチモンドに切り換える。至急！」という受信音に思わず身を硬くした。前日、グラントより「CSA首都リッチモンドへの最終関門ピーターズバーグ陥落」との報がもたらされていたからだ。

ケトルズは「もしや」という予感に、指先を微かに震わせながら指示にしたがう。まもなくリッチモンドより、か細い信号音が送られてきた。

「信号は届いているか？」

「届いている。どうぞ」

とケトルズは返電する。

「了解。当地より四年ぶりの電文を送信する」

という前置きに続いて、

「一八六五年四月三日ヴァージニア州リッチモンドよりスタントン軍務長官閣下へ

今朝八時　我が軍リッチモンドに入城

陸軍先遣旅団長　G・ワイツェル」

ケトルズは震える手で電文を書き写し、暗号作業専用室に走り込んだ。いつものようにリンカーンがベイツやティンカーと雑談に興じている。童顔を引き攣らせたケトルズがティンカーに手渡した紙片、それをちらっと覗き見たリンカーン……。

と、長身の影が動き、大声が続いた。

「みんな、聞いてくれ！」

電信本部はたちまち蜂の巣をつついたような騒ぎとなり、報せを聞いた閣僚たちが続々と詰めかける。ティンカーは廊下に走りでると、窓を開け放ち、

「リッチモンド陥落！　リッチモンドが落ちたぞ！」

と道往く人びとにむかって連呼した——

この日、ピーターズバーグの西方五六キロメートルにあるアミーリア郡庁所在地に残軍三万余を終結させたリーは、ダンヴィル南方でジョンストンの残軍三万七〇〇〇と合流することに最後の望みを託す。

けれども、グラント率いるＵＳＡ軍主力は満身創痍のリー軍と並行するように追跡、先行したシェリダンの騎兵隊はダンヴィルにつうじる鉄道を破壊して、リー軍を西方のブルーリッジへと後退させた。もはや食糧と武器弾薬は底をつき、疲弊しきった兵士に戦う気力は残されていなかった。

四月九日朝、アポマトックスに追い詰められたリーは、遂に投降を決意。タオルで代用した白旗を部下に掲げさせ、グラントのもとに派遣した。同日午後一時三〇分、リーとグラントはアポマトックス裁判所近くのウィルマー・マクリーン邸で降伏条件について協議をおこなう。

その席上でのこと。リーは、ゲティスバーグで苦杯を舐めさせられたミードに、

「顎髭（あごひげ）に随分と白いものが増えたようだな」

と語りかけた。その表情に、憎しみや後悔の色は微塵もない。

ミードは、この偉大な敵将の笑顔に痺れた。そして、自身もまるで泣いているかのような笑顔を浮かべながら、

「あらかたは、将軍、あなたのせいですよ」

と答えた。

グラントをはじめマクリーン邸に集った司令官たちの表情にも、しみじみとした笑顔が浮かんだ。長く苛酷な運命の旅が、いま終わったのである。

以降の数日間、グラント総司令部とリンカーンのいる電信本部をむすぶ直通回線には、リーとの折衝内容と降伏条件を伝える電文がひっきりなしに行き交った。その内容は同日中に、USA新聞各紙に掲載されている。

大統領暗殺の風景

ＣＳＡ首都リッチモンドの陥落と敵将リーの降伏は、南北戦争という大いなる悲劇の幕引きを意味したが、その最終章は一八六五年四月一四日金曜日に訪れた。

リンカーンが電信本部にやってきたのは、その日の午前である。「やあ」と先客のスタントンの肩を軽く叩く。そして、エッカートの椅子に深々と腰掛けると、長い脚をデスクの上に伸ばした。

戦時中変わることのなかった光景だ。ただその顔には、開戦当初にはなかった深い皺が幾本も刻まれている。

リンカーンは毎日、前線のＵＳＭＴＣｓ隊員たちが送ってくる暗号電文を待っていた。一八六一年一〇月二一日、弁護士時代からの友人エドワード・ベイカーの戦死の報を、マックリーランの電信室で見つけた。六三年七月四日には、戦争の行方を決定づけたゲティスバーグ会戦とヴィックスバーグ包囲戦の勝報をあいついで受け取る。そして、六五年四月三日には、グラントがリッチモンドを陥落させたという速報を、みずからがワシントン中に知らせることとなった。

「グラントが招待を断ってきたよ」

リンカーンはやれやれという表情で、かたわらのスタントンに話しかけた。

芝居好きの彼は、自身の息抜きと、ＵＳＡ勝利の立役者へのねぎらいも兼ねて、その晩にフォード劇場で上演される喜劇『アメリカのいとこ』を鑑賞する心積もりでいた。

しかし、スタントンは不穏な情勢を憂慮した。大統領暗殺の噂が絶えない。軍務長官として、最悪の事態は絶対に回避せねばならなかった。

そこで彼は、

――大統領からの招待は断るように。

とグラントに因果を含めていた。

（グラントが来なければ、観劇はお流れになるだろう）

スタントンはグラントが忠告にしたがったことに安堵した。

「仕方ないね」

とリンカーンはため息を吐くと、

「私たち夫婦で楽しむことにするよ」

と呟くようにいう。

意に反する言葉を聞いたスタントンは内心驚き、

「それでは、ぜひ、しっかりとした護衛を同伴していただかねばなりませんな、と厳しい口調で釘を刺した。

「わかりました、長官殿。エッカートに頼んでみるよ」

リンカーンは苦笑いしながら、暗号作業専用室のドアを開けた。

「少佐。家内も私も、君が今夜一緒に来てくれることを望んでいるのだが」

エッカートもまた、スタントンの意を察して、

「申し訳ありません。どうしても今日中にかたづけねばならない仕事がございまして」

と丁重に断った。

「やれやれ、ふられっぱなしか……。ラスボーンでも連れていくよ」

リンカーンは痩せた肩をすぼめた。

「でもね」

とドアノブを握ったままリンカーンは、エッカートのほうを振り返ると、

「ほんとうは君に来てほしかったんだよ。火搔き棒を頭のうえでへし折る怪力の君にね」

といい残し、ゆっくりと部屋をでていった。

右のやりとりはベイツの回想にもとづく。彼にとっては、これがリンカーンを見る最後の機会となった。

その日、四月一四日午後一〇時一五分、フォード劇場ボックス席〈図版45〉でくつろぐリンカーンは、背後のドアを開けて侵入した俳優ジョン・ウィルクス・ブース〈Booth, John Wilkes：図版46〉によって、至近距離から拳銃で後頭部を撃たれた。

護衛のヘンリー・ラスボーン少佐をナイフで切り払ったブースは、ボックス席からステージ

図版45　フォード劇場ボックス席

図版46　暗殺犯ウィルクス・ブース

に飛び降りると、足を引きずりながら裏口につないでおいた馬で逃走する。

「暴君の最期は、いつもかくのごとし〈Sic semper tyrannis!〉」

という芝居じみたラテン語のセリフを残して……。

――大統領狙撃される。

急報を受けたエッカートは、スタントンとともに、現場に駆けつけた。

ふたりは瀕死のリンカーンが担ぎ込まれたピーターセンハウス〈フォード劇場むかいに立つウィリアム・ピーターセン所有の煉瓦造り三階建ての集合住宅〉を臨時捜査本部とする。そして、そこから約八〇〇メートル離れた電信本部に伝令を送った。

その頃、ブースの仲間ルイス・パウエルがスワード宅に侵入して刺殺を試みたが、スワードは瀕死の重傷を負いながらも一命を取り留めている。

リンカーンがまだ息を引き取らぬ翌四月一五日土曜日午前零時より、スタントンの指令を受けた電信本部のＵＳＭＴＣｓ隊員たちは、各方面軍司令部宛てに暗殺犯の逮捕命令を打電する。「大統領狙撃される」「列車を捜査せよ」「橋を検問せよ」「疑わしき人物に警戒せよ」「怪しい人物は片っ端から検挙せよ」「容疑者の身元を確認せよ」——軍用電信網に全く同じ電文が流れた。

午前一時一〇分、スタントンはニューヨーク市警本部長ジョン・ケネディに、

「ただちに最も有能な捜査官三〜四名をワシントンに派遣されたし。大統領暗殺に関する事実調査をおこなうためなり。大統領はまだ存命。されど助かる見込みなし」

という緊急電報を送る。

スタントンの言葉どおり、午前七時二二分、リンカーンは意識不明のまま息を引き取った。享年五六。

「これで彼は不滅の人となって旅立った」

とスタントンは静かに呟いた。

その頃、混乱のなかで急きょ編成された捜索隊は、主犯ブースら数名の追跡を開始していた。ＵＳＭＴＣｓ隊員たちも連絡要員としてそれに同行する。

就中、決定的な情報を電信本部にもたらしたのが、ポトマック流域軍に配属されていたサ

ミュエル・ベックウィズ。そう、グラントに「銃殺」をほのめかされて暗号解読手順を洩らし、電信総監ステーガーから厳しい譴責を受けた、あの電信士である。

ジェームズ・オベアン〈O'Beirne, James〉少佐とメリーランド州探索中の四月二四日午前一〇時、ベックウィズは軍用電信網を介して電信本部のエッカートに、

「ブースはすでにヴァージニア北部のウィコミコ川とポトマック川に挟まれたブライアンタウン近くの湿地帯に逃げ込んだ模様。徹底的な沼ざらいと近辺の捜索を実施すべきでは？」

という電文を打電した。この報がニューヨーク州第一六騎兵隊を、ブースのもとへ導くこととなる。

さらにその二日後の二六日午前一時三〇分にも、ベックウィズはエッカートに、

「ブースはターナー家にて食糧を調達。ブライアンタウンより北へ三・二キロメートルの松林に逃げ込んだ模様」

という電文を送っている
こうしてリンカーン暗殺犯は、蜘蛛の巣にからめ獲られたまま、捕食されることを待つ羽虫同然の運命となる。蜘蛛の巣とはすなわち、戦時中にＵＳＭＴＣｓが架設した野戦・軍用電信網のことである。

一二日間にわたる逃避行の果て、四月二六日払暁、ヴァージニア州リッチモンド北方のボーリングリーンにあるリチャード・ギャレット農場の納屋に潜伏していたブースは、追跡部隊の

急襲を受けた。

納屋に火がかけられ、炎に照らしだされたブースを、ボストン・コルベット〈Corbett, Boston〉軍曹が銃撃する。弾丸を受けて折り崩れたブースは、兵士たちの手で燃え盛る納屋から引きずりだされたが、ほどなく絶命した。

「私の撃った弾丸は、ブースの耳のうしろ側、そうまさにリンカーン大統領とほぼ同じ箇所から入っていました。『俺たちはなんと恐ろしい神に仕えているんだ』と、そのとき思ったものです」

コルベットは、後年、そう回想している。

このような偶然もあってか、事件解決後、図版47のように、リンカーンの亡霊がブースにしつこくつきまとう諷刺画も描かれた。だが、ブースを実際に追い詰めたのは神や亡霊ならぬ、生前のリンカーンが日々愛用した軍用電信網なのである。

付言すると、リンカーン暗殺をいち早くスクープしたのが、今日も御馴染のロイター通信社。一八五一年創業の同社は、ロンドン↕アメリカ間の海底電信線を介して、この衝撃的なニュースをヨーロッパ各国に配信することで一気に声望を高める。リンカーンは死してなお、電信との縁が深かった。

閑話休題。

カリスマ的国家指導者はテロリストの凶弾に斃れたものの、その死が南北戦争の帰趨に影響

図版 47　ブースにつきまとうリンカーンの亡霊

をおよぼすことはなかった。大勢はすでに決していた。事実、リンカーン暗殺の二日後には、リーと双璧をなす名将にしてテネシー方面軍司令官ジョンストンが、ノースカロライナ州ダラムでシャーマンと会見、CSA全軍の降伏条件を協議している。

五月一〇日、CSA大統領デーヴィスがジョージア州で逮捕され、CSAは名実ともに消滅した。以降は掃討戦の段階に入り、グラント司令部と各方面軍司令部をむすぶ野戦・軍用電信網に囲い込まれたCSA軍はあいついで降伏（五月一〇日フロリダ軍管区サムエル・ジョーンズ軍、五月一一日アーカンソー州チャークグラフのM・J・トンプソン軍、五月二六日ミズーリ軍管区カービー・スミス軍、六月二三日ミズーリ軍管区騎兵隊先住民部局チェロキー部族団〕する。

結局、ＵＳＡ、ＣＳＡ両軍の犠牲者数は、上のように、古今東西の戦史において類例なき数値となった。

	ＵＳＡ	ＣＳＡ
死者総計	360,222	258,000
戦死者	110,070	94,000
収容所内死亡	30,200	26,000
病死その他	219,952	138,000

戦死者六二万、寡婦三〇万、国費数十億ドルという代償を払い、ようやく「連邦再統一」は達成されたのである。

五月末、電信本部のベイツは、南部諸州につながる郵便路の再興、民間の鉄道・電信事業の本格的な再開、軍隊の人員削減といった出来事を日記にしたため、平和の到来を展望している。

「連邦再統一」という亡きリンカーンの悲願達成とともに、ベイツらが四年余にわたり慣れ親しんだステーガー暗号もその使命を終え、軍務省は六月二〇日に全コード帳の破棄を決定した。電信施設の政府接収は打ち切られ、ステーガーやエッカートなどの有能な人材を供出した軍功への見返りとして、ＷＵＴＣに野戦・軍用電信線約二万二四〇〇キロメートルが払い下げられている。

それと同時に、ＵＳＭＴＣｓ隊員やＵＳＭＴＣｓ隊員は、その大半が普通の敷設・架線工や電信士にもどり、戦前に勤務していた鉄道会社や電信会社に復帰していく。内乱の戦場を駆けた異色の技能集団は、ここに人知れずその特筆すべき戦歴に終止符（ピリオド）を打ったのである。

エピローグ
——USMTCsへの挽歌——

惨めさは偉大さから結論され、偉大さは惨めさから結論される。一言でいえば、人間は悲惨であることを知っている。よって、人間は悲惨である。なんとならば、悲惨だから。だが、人間はじつに偉大である。なぜなら、悲惨であることを知っているから。

——パスカル『パンセ』断章四一六

南北戦争は、情報の収集・共有・分析にかかわる戦略が勝敗の帰趨に決定的な影響をおよぼした最初の戦争であった。最新鋭の情報通信技術＝モールス電信を軍事領域において、どれほど広範囲かつ効果的に駆使できるのか――ＵＳＡとＣＳＡの力量差は、文字どおりこの点に凝縮された。

リーやジャクソン、そしてジョンストンといった戦場の司令官はさておき、大統領のデーヴィスをはじめとするＣＳＡ閣僚には、この戦争が大規模な物資・人員の移動、各戦線に配置される軍単位間での密接な連係、そして、それらを可能にする高度な集権的行政機構に支えられた総力戦である、という認識が最後まで希薄であった。

奴隷制プランテーションに固執し、綿花輸出先のイギリスに依存した保守的な地方分権型の行政理念から脱却しきれなかったＣＳＡは、産業資本主義を核として革新的で国民的な統一国家へと変貌しつつあるＵＳＡと渡りあうには、甚だ融通性を欠いていた。

ただし、ＣＳＡにおいては、戦争の前提となる政治目的が「統一連邦体制からの独立」であり、その根底に置かれた理念は旧体制の維持にほかならない。とすれば、リーをはじめとした将校たちの軍才と勇猛果敢さのほかに、戦争遂行に必要な条件を具体的に思い描けなかったのは当然ともいえる。

実際、リーたちはUSA軍を局地戦で撃破し、ゲティスバーグ会戦までは電信本部に陣取るリンカーンを苛立たせ、最終的には戦争を膠着状態に持ち込むことに成功した。

そのなかで、CSAも軍事に電信を利用している。緒戦の第一次ブルラン会戦では、ボーレガード少将が既存の商用電信線を介してUSA軍の動向を事前に把握したうえで、ジョンストン軍と連係して勝利をえた。

とはいえ、これとて将の機転、いうなれば個人技による成果にすぎない。象徴的なのは、リッチモンドに陣取るデーヴィスが、電信を介して有効かつ迅速な軍事行動には直結しない、ともすればそれを阻害しかねない瑣末な叱責や不適切な辞令を、方面軍司令官に送っていたことである。

実際、デーヴィスは、ボーレガードが軍医の診断書にもとづき一時療養のためにテネシーからアラバマへ赴いたことを知り、自分への報告がなかったことを理由に、電報一本でこのブルランの英雄を解任した。これを機に、CSAの閣僚や将校のあいだに、反デーヴィス感情が芽生えたともいわれる。

また、CSA政府は電信によって戦線からもたらされる情報を自国民に公表せず、徹底した秘密主義をとり、情報操作もおこなっている。CSA領内の新聞各社は、ゲティスバーグとヴィックスバーグの両会戦における大敗後も、数週間にわたって「CSA軍の大勝利」と報じたのだ。

情報公開をめぐる姿勢は、軍用電信網が刻々ともたらす戦況報告を包み隠さず国民に周知させることで、国民に戦争の当事者たる意識を持たせ、挙国一致の気運を高めたＵＳＡ政府とは、あまりに対照的であったといわざるをえない。

南北戦争に勝利して「連邦再統一」を成し遂げ、中央集権化された政治権力が統治する国家へと変貌したＵＳＡ＝アメリカ合衆国では、一八六六年七月二八日、連邦議会がＵＳＳＣｓを陸軍唯一の軍事通信担当組織として承認。戦時中ステーガーやスタントンとの確執によって更迭されたマイヤーを、ふたたび一等将校に据えている。

ＵＳＳＣｓは正式な軍組織であり、使命を果たし終えたＵＳＭＴＣｓは、まもなくこれに吸収されて事実上消滅した。ＵＳＳＣｓに移籍した元ＵＳＭＴＣｓ隊員には、晴れて軍人身分が付与される。また、吸収の三日後、軍務省はベイツ、ティンカー、チャンドラーの「聖なる三人」に銀時計を贈呈し、電信本部での活躍を称えている。

精緻な暗号電信システムを考案し、ＵＳＭＴＣｓを率いたステーガー、電信本部長として「聖なる三人」をはじめとする暗号電信士たちを束ねたエッカートは、ＷＵＴＣの最高経営幹部に就任した。

既述のように、戦後、軍用電信線約二万二四〇〇キロメートルの払い下げを受けた同社は、これを梃子（てこ）として電信業界再編に乗りだし、一八六六年四月一日、ＡＴＣと新興のユナイテッド・ステーツ電信会社を統合、アメリカ産業史上初の巨大独占企業となる。

就中、ステーガーはＷＵＴＣ総支配人として、広大な北米大陸の縦横に拡がる電信網を効率的に管理運営する事業組織の構築に取り組んだが、そのときに拠り所としたものこそ、南北戦争初期にポトマック流域軍司令官マックリーランが作りあげたライン＝スタッフ型の軍隊組織なのである。

けれども、ＵＳＭＴＣｓにかかわった人びとのうち、右記のような輝かしい戦後を享受できたのは、ほんのひと握りであった。

それどころか、各方面軍に従って苛酷で凄惨な戦場を巡ったＵＳＭＴＣＣｓ隊員やＵＳＭＴＣｓ隊員たちは、その解散後も自身の任務と活動の秘匿を政府から厳命され、黙々と残りの人生を送るしかなかった。彼らは自分の活躍を子孫に誇らしく語る機会を奪われ、軍からはなんらの補償も報奨も与えられないまま、その稀有なる業績と体験を歴史の闇に封印されたのである。

ちなみに、電信士はＵＳＭＴＣｓ入隊に際して、必ず左のような宣誓をおこなった。

「私は、アメリカ合衆国に対して心からの忠誠を尽くすこと、アメリカ合衆国憲法を誠実に遵守すること、アメリカ合衆国に対して武力による反逆をおこなわないこと、敵に対していかなる援助も同情も寄せないこと、アメリカ連合国とのあらゆる友好的な関係を拒絶すること、以上をここに宣誓いたします。さらに私は、電報ならびに報告書、そして電信を介して知りえた情報はどのような内容であっても、直接であれ間接であれ、いかなる人間にも洩らさないこと、アメリカ合衆国の軍事目的のために託された暗号電文コードをいかなる人間にも明かさないこと、この守秘の誓いとアメリカ合衆国政府に対する忠誠に殉ずることを、ここに心より宣誓いたします」

この言葉どおり、ＵＳＭＴＣｓ隊員たちは、自身の生命を顧みることなく、戦場での危険な任務に立ちむかった。そのために、戦死した者、負傷によって障害が残った者がいる。あるいは敵軍に拿捕されても、軍人捕虜ではないために収容所で冷遇されて衰弱したり、諜報員（スパイ）として処刑されたりした者もいる。

にもかかわらず、ＵＳＭＴＣｓ隊員には軍人恩給の申請資格が付与されず、戦死した隊員の遺族には戦後長らくなんの補償も供与されなかった。民間人身分のまま特殊な軍務に服した彼ら彼女らのことを、連邦陸軍の象徴（シンボル）アンクル・サム〔星が並んだ山高帽をかぶり、縞目のズボンとシャツをまとった愛国心高揚・国威発揚の男性キャラクター〕も忘れてしまったのか……。

ＵＳＭＴＣｓの母体を作ったカーネギー、そして「聖なる三人」のひとりベイツは、かつての同僚チャンドラーやティンカー〔図版48〕らとともに、元ＵＳＭＴＣｓ隊員たちの要求を受けて、隊員やその遺族に対する支援策の実施を議会に請願している。

図版 48　再会した旧 USMTCs 隊員
（左よりトーマス・エッカート、チャールズ・ティンカー、
デヴィッド・ベイツ、アルバート・チャンドラー）

その甲斐あって、一八九七年一月二六日に上院法案第三一九号『戦時に奉仕した電信士の救済法〈Relief of Telegraph Operators who served in the War of the Rebellion〉』が可決されるが、ＵＳＭＴＣｓの活動は軍務として承認されず、元隊員やその遺族には報奨金と補償金が支給されるにとどまった。のちにベイツは「この法は、私たちを恩給支給の対象者から排除するよう、慎重に仕組まれたものである」と憤慨している。

敗者の辛酸を語るに饒舌はなく、ましてや勝者側のそれは、栄光という壮麗な墓碑銘の下に人知れず眠るしかない。ＵＳＭＴＣｓの実態が世間に公表されたのは、南北戦争当時にＵＳＡ政府や軍の中枢を占めた人びとが世を去ったあと、二〇世紀に入ってからのことである。ＵＳＭＴＣｓの活躍はしかし、その後も正確に語られることがなかった。芳醇な筆致で、浩瀚にして詳細なアメリカ合衆国の通史を編んだサムエル・モリソン〈Morison, Samuel E〉のような史家でさえも、南北戦争における「野戦電信網」の役割を論じるなかで、左のような間違った解釈を得々と披露している。

「野戦電信網を有効に利用すれば、陸軍の指揮官は騎馬伝令などなしですまされるとともに、遠くにある麾下の部隊にも敏速に命令を伝達できて、大いに役立ったであろう。

ところが北軍の電信業務は、ワシントンにいる長官の管轄下にあり、彼は現地指揮官が電信工夫〔電信士のことであろう——引用者〕に干渉することを許さなかった。グラント将軍は、怠け者で臆病で金に汚い電信工夫が、一番彼らを必要としているときに後方へ逃げてしまったり、投機家の電報を軍の命令より先に打ったりするのを見て、ほとんど気が狂うほど腹を立てた。スコフィールド将軍は、フランクリンの戦いに危うく負けるところであったが、その原因は、司令部の電信技師〔主任電信士のことであろう——引用者〕がこわくなって暗号を持って逃げてしまったので、トマス〔トーマスのこと——引用者〕将軍への重要な連絡を伝令兵によって送らねばならなかったからであった」

正しいのが最初の一節だけであることは明白だ。

USMTCs隊員はいかなるときにもコード帳を死守せねばならなかった。けだし、それはUSA軍全体の命運を握る、戦略上最も重要なアイテムにほかならなかったからである。さきに紹介した宣誓のなかにも、「アメリカ合衆国の軍事目的のために託された暗号電文コードをいかなる人間にも明かさないこと」という一節があった。

よって、ジョン・マカリスター・スコフィールド〈Schofield, John McAllister〉少将配属のＵＳＭＴＣｓ隊員は逃げたのではなく、万が一を想定してコード帳を守るべく、電信機材とともに軍後方に退避していた、と考えるのが妥当であろう。

実際、一八六四年一一月三〇日のテネシー州フランクリンでの会戦は、スコフィールドとトーマスの連合軍がフッド率いるＣＳＡ軍を迎撃し、ほとんど壊滅に近い打撃を与えることに成功した。ＵＳＭＴＣｓ隊員が野戦電信網を介して二軍の連係を支えたお陰である。

右のモリソンの記述は、おそらく正規の軍組織であるＵＳＳＣｓを率いたマイヤーの見解を踏襲しており、軍の指揮系統に属さないＵＳＭＴＣｓを「歴史の際物」と捉え、戦場の滑稽譚として語ることで、「失敗」のレッテルを貼ろうとするものである。

けれども、広大な戦線で電信本部↕各方面軍司令部↕各師団↕各連隊を有機的に連係させたのは、民間の鉄道・電信会社から徴用されたＵＳＭＴＣｓ隊員たちにほかならない。これはなんびとも消すことのできない事実なのだ。

そこで、最後に改めて問いたい。民間人にすぎなかったＵＳＭＴＣｓ隊員を、正規兵にも勝るとも劣らぬ勇敢な行為へと駆り立てた動機とは、いったいなんであったのか、と。

「愛国」という言葉は、有事に際して国民を奮い立たせる最も強力な標語（スローガン）と目される。だが、このひと言に全てが収まりきるほど、人間の営みは単純なものではなかろう。

ＵＳＭＴＣｓを振り返れば、まず、隊員たちの若さを勘案せねばならない。電信士たちの大半は、入隊時において一〇代後半から二〇代前半。この年齢の若者が共有する無鉄砲さ、奔放さ、そして一途な情熱と旺盛な冒険心あるいは功名心といった特性は、たしかに勇敢な行為の背後に作用していたはずである。

ついで、彼らが生まれ育った時代の空気。いわゆる開拓期にして、科学技術文明の勃興期でもあり、そこに生きる若者たちにとって、内戦という悲劇もまた、その混沌とした苛酷さの一局面にすぎなかった、ともいえよう。

ことによると、最先端の技能を身につけた自身の価値を世に問う好機が到来した、と勇み立つ者もいたであろう。電信技能は、従来の乗馬や射撃の腕前に匹敵する、人生を生き抜くための武器にほかならなかったからだ。

思えば「聖なる三人」は、一〇代後半の少年でありながら、暗号作業専用室において互いに知恵を絞ったり、ときに互いの技量を競ったりしながら、新たな暗号電文コードの作成や敵方暗号の解読に没頭した。その姿は、精魂傾けて作成した互いのプログラムを喜々として披露しあう、今日の情報通信技術者の元祖とも考えられる。

いまだ勝敗が霧中にあった当時の現時点（リアルタイム）において、徴用されたか志願したかを問わず、彼らがＵＳＭＴＣｓに入隊した動機は千差万別。おそらく、自分自身が「これだ」という動機を特定できぬまま、戦場に身を置いた者も少なくはなかったであろう。

そうだとすると、国難に際して必ず口の端にのぼる「愛国」なる言葉は、悲惨な殺戮行為をともなう営みに参加する人びとが、ともすれば曖昧模糊とした自身の動機を、時宜に適った体裁で表現するのに都合の良いお題目なのかもしれない。

また、こうも考えられまいか。戦争という得体の知れぬ醜悪な人間の営みが果てたあと、それに参加した――参加せざるをえなかった――幾万におよぶ人びとの不定の動機に対して、後世が贖罪と浄化の願いを込めて冠する言葉こそ、「愛国」というかけ声の正体なのである、と。

戦史上初めて殲滅戦略という禁断の扉を開き、「近代戦の父」となったシャーマンは、「戦争というのは、どんなに美化しようとしても、決して美化できないものだ」と述べている。

骨肉相食む戦場に流れた足かけ五年の歳月のなかで、モールス電信という影の兵器を操った民間人＝ＵＳＭＴＣｓ隊員たちが歴史の闇から発する問いは、私たちにとって、今日もなお、否、今日においてなおさら重い。

あとがき

本書は平成一八〔二〇〇六〕年にものした論文「南北戦争における軍用電信網の役割――連邦陸軍電信隊始末――」〔『甲子園大学紀要』第三四号〕がもとになっている。

筆者にとって、この論文は情報通信技術者の先駆たるモールス電信士の仕事史を描くための、いわば習作にすぎなかったが、一冊の本の草稿になる分量は優にあった。そのごく一部は、平成二三〔二〇一一〕年に日本経済評論社より上梓した『モールス電信士のアメリカ史――IT時代を拓いた技術者たち――』に使用している。

今回、一二年の歳月を経て、元論文に大幅な補筆修正をおこない、一冊のノン・フィクションに改編して世にだしたのは、ふたつの作品に触発されたからだ。ひとつは本論中でも紹介した映画『リンカーン』、もうひとつは布施将夫氏が平成二六〔二〇一四〕年に松籟社より刊行した『補給戦と合衆国』である。

憲法修正第一三条の議会可決をめぐる約一ヵ月の政争に焦点をあてた『リンカーン』では、軍務省電信本部やUSMTCs隊員が頻繁に登場している。

まず、一八六五年一月一五日のノースカロライナ州の河港ウィルミントンの攻防戦の戦況が逐一戦線から送られてくる場面。電信本部にはリンカーンやスタントンをはじめとして閣僚が詰めかけ、前線から届く報告に一喜一憂する。暗号電信士たちが忙しく電文を送受する姿が描かれている。

つぎに、CSA密使団との折衝をめぐって、リンカーンがグラントに指令を送るため、電信本部を訪れる場面。密使団をワシントンに招聘し、和平交渉をすすめるか否かの決断をせまられたリンカーンは、暗号電信士ふたりを相手に、ユークリッド定理にかこつけながら和平実現にむけての自身の胸中を吐露する。

最後に、一八六五年一月三一日下院議会で憲法修正第一三条の可否をめぐる最終投票がおこなわれる場面。議事堂前では、USMTCs隊員が票数の推移を、グラント〔俳優ジャレッド・ハリス〕司令部に逐一打電している。司令部にはCSA密使団が足止めされており、投票結果に応じて和平交渉のやり方を変えるためである。電信士が票数を読みあげると、総司令部の黒板にそれが書き込まれていく。

ただし、劇中USMTCsの名前は一度も登場しない。リンカーンがユークリッド定理を語るくだりで耳を傾けるのが、ベックウィズ〔俳優アダム・ドライバー〕とベイツ〔俳優ドリュー・シース〕。前者は本論で紹介したようにグラント総司令部配属の電信士である。また、「聖なる三人」のひとりであったベイツの肩書は、劇中「電信技師（エンジニア）」となっている。くわえて、電信本部長エッカート〔俳優ロバート・ラッフィン〕もセリフのない端役として登場するだけだ。それでも、電信本部の再現度は一見の価値あり。さすがスピルバーグといったところか……。

つぎに『補給戦と合衆国』を眺めれば、これは南北戦争から第一次世界大戦までに、アメリカが近代国家としてどのように統合・形成されてきたかについて、鉄道と軍事の相互関係から具体的に解明した好著である。そのなかで布施氏は、小生の論文を「電信の軍事利用に関する研究分野を開拓した」と評価してくださった。この言葉に背中を押されて、

――読者が限られた紀要論文のまま、放置しておくわけにもいくまい。

と考え、独立した著書としての刊行を思い立った次第。いまだ拝眉の機会をえないが、布施氏に心より感謝申しあげたい。

いま振り返ると、南北戦争は、近代戦の様相を示唆する沢山の教訓を含んでいた。本論でもあきらかにしたが、当初、USA軍の司令官たちは、力押しの攻勢にでて、CSA軍に幾度となく手痛い敗北を喫している。

だが、敗北を重ねるうちに、彼らは狙いが正確な旋条小銃を使った戦闘では、攻撃側よりも防御側が有利になることを悟り、方針を一転して、徹底した追撃と包囲を軸とする消耗戦を挑むこととなった。

この新たな情勢のもとでは、戦場で決定的な勝利を摑めるか否かは、自軍の補給路を確保しつつ、敵方の補給路を破壊する能力のいかんにかかってくる。USA軍の最終的な勝利は、C

SA軍主力に後方から物資を補給してきた輸送システムと行政機構そのものを壊滅させることによってえられたのである。

鉄道は兵站の補給に絶大な威力を発揮したが、その円滑な運行は電信という情報通信技術によって支えられていた。いずれも南北戦争にさきだって、北東部を中心に生成・発展した巨大事業（ビッグビジネス）であり、経済基盤（インフラストラクチュア）をになうこのふたつが手をたずさえて戦争のかたちを近代化したといっても過言ではないだろう。

ウィリアム・マクニールは『戦争の世界史（下）――技術と軍隊と社会』のなかで、「はるか後代の一九二〇年代になってようやく、あの南北間の苛烈なつばぜりあいこそは、第一次世界大戦の惨禍を予兆する先触れだったのだと認識する人々が現われた。このときになって初めてアメリカ南北戦争は、産業化された戦争の最初の本格的な事例だったという意義を認められたのである」と評価したが、これはまことに正鵠を射たものである。

このたび、南北戦争と電信という、いささかクラシカルな趣きが感じられるテーマを敢えて取りあげたのも、それが必ずしも「遠い昔」の事件とはいいきれない面を多分に有するからだ。

それどころか、軍事と情報が織りなす物語（ストーリー）は、政治目的の達成を武力による決定でおこなう蛮行が世界のどこかで続く限り、決して昔話（レジェンド）にはなりえないだろう。

いみじくもシャーマンは、一八七九年六月一九日、ミシガン州陸軍士官学校でおこなった講演で、若き士官候補生たちに左のような言葉を贈っている。

「いまでは多くの若いひとたちが、戦争は栄光に満ちたものであると考えているでしょう。でも、皆さん、戦争とは地獄そのものなのです。皆さんはこの警告を、未来の世代へと伝えることができるのです」

この警告はしかし、その後も守られなかった。おそらく、シャーマンはこのことを予知していたのだろう。ゆえに、未来の世代に伝えるべきものとして、「平和の尊さ」という甘美な夢想ではなく、「戦争は地獄である」という現実的な警告を選んだに違いない。

平時でなければ有事であり、「グレーゾーン」という概念はありえない。また、「後方支援」は、近代戦において、戦争、すなわち地獄そのものである。

私たちはいま、シャーマンの警告を、「天国に行くのに最も有効な方法は、地獄へ行く道を熟知することである」というマキアヴェッリの言葉と表裏一体のものとして、心に刻まねばならないのではないか――

二〇一七年晩夏

書斎でオールド・ディキシー・ダウンを聴きながら

南北戦争主要戦闘地図

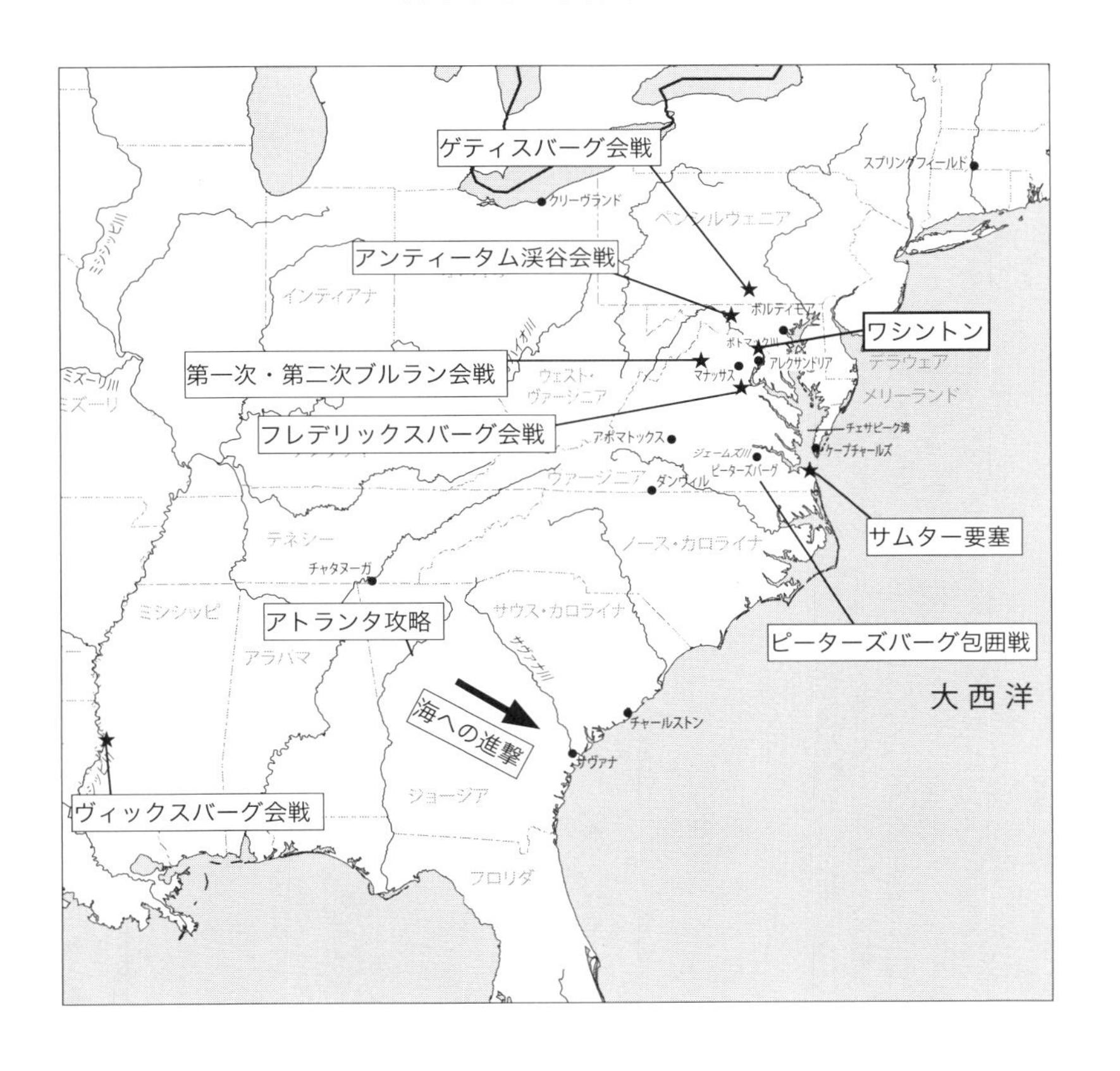

南北戦争主要戦闘地図
ゲティスバーグ会戦
スプリングフィールド
クリーヴランド
ペンシルヴェニア
アンティータム渓谷会戦
インディアナ
ボルティモア
ワシントン
ポトマック川
アレクサンドリア
第一次・第二次ブルラン会戦
マナッサス
ウェスト・ヴァージニア
デラウェア
メリーランド
ミズーリ川
ミズーリ
フレデリックスバーグ会戦
アポマトックス
チェサピーク湾
ケープチャールズ
ジェームズ川
ピーターズバーグ
ヴァージニア
ダンヴィル
サムター要塞
テネシー
ノース・カロライナ
チャタヌーガ
ミシシッピ
アトランタ攻略
サウス・カロライナ
ピーターズバーグ包囲戦
アラバマ
大西洋
海への進撃
チャールストン
サヴァナ
ジョージア
ヴィックスバーグ会戦
フロリダ

南北戦争／USMTCs略年表

年	南北戦争関連事項	連邦軍用電信隊（USMTCs）関連事項
一八六〇	11・6 大統領選挙 共和党A・リンカーン当選 12・20 サウスカロライナ州 連邦体制から離脱	
一八六一	1・9（〜2・1） ミシシッピ、フロリダ、アラバマ、ジョージア、ルイジアナ、テキサスの各州 統一連邦体制から離脱 2・4 南部の分離州 モントゴメリー会議開催 2・8 アメリカ連合国（CSA）結成 3・4 リンカーン 第16代大統領に就任 4・12 CSA軍 サムター要塞を砲撃 南北戦争勃発 4・14 G・B・マックリーラン USAオハイオ州義勇軍少将を拝命 4・15 リンカーン 志願兵七万五〇〇〇の募集令を発表 4・17（〜5・20） ヴァージニア、テネシー、アーンカソー、ノースカロライナの各州 統一連邦体制から離脱	4・16 マックリーラン WUTC総支配人A・ステーガーと会見 4・22 リンカーンの招聘を受けたペンシルヴァニア鉄道T・スコット 助手A・カーネギーを伴ってワシントンに出頭 4・22 カーネギー ペン鉄道の電信士四名をワシントンに招聘 4・27 ペン鉄道より派遣の電信士四名がワシントンに到着 （以降）民間の鉄道・電信会社から電信士が徴用されて政治・軍事拠点に配属⇒連邦軍用電信隊（USMTCs）の創始 5・27 マックリーラン ステーガーに野戦・軍用電信網の整備を依頼 6・12 A・マイヤーの指揮下に連邦陸軍信号隊（USSCs）を創設

	4・19 リンカーン CSAの沿岸海上封鎖を布告 4・27 リンカーン ボルチモア周辺に人身保護令停止を布告 5・21 CSA首都 モントゴメリーからリッチモンドに移転 6・2 フィリッピ会戦 7・11～14 リッチマウンテン＝キャリック要塞会戦 USAオハイオ州義勇軍がヴァージニア州北西部地域を解放 7・21 第一次ブルラン会戦 USA軍敗退 7・24 リンカーン マックリーラン少将をワシントンに招聘 首都防衛の主力ポトマック流域軍司令官に任命 11・1 リンカーン マックリーラン少将を陸軍総司令官に任命 11・7 USA軍 ポートロイヤル島奪取	6・不詳 ヴァージニア州アレグザンドリア↕ワシントン軍務省間に直通電信線架設 7・21 USMTCs 第一次ブルラン会戦敗北をワシントン軍務省に打電 10・16 T・スコット ステーガーに軍務省出頭要請の電文送信 10・26 ステーガー 軍務省に出頭 『軍務長官の指揮下に置かれるべき軍事行政用電信機関の設置草案』をT・スコットに提出（10・28リンカーン承認） 10・不詳 USMTCs隊員ウィリアム・フォスター ポートロイヤル島攻略にさきだちCSA領に潜入、チャールストン・サヴァナ鉄道沿いの電信線でCSA軍事情報を傍受 11・25 ステーガー 軍用電信総監を拝命
一八六二	1・15 リンカーン E・スタントンを軍務長官に任命 1・27 リンカーン 一般戦争命令第一号を布告	2・25 ステーガー 連邦領内の全電信線路・電信局の軍務総監を拝命 2・25 スタントン ポトマック流域軍司令部よりT・エッカートをワシントンに招聘、電信本部長に任命

南北戦争	USMTCs
2・4 USA議会下院 民間の鉄道・電信施設を必要に応じて徴用できる権限を大統領に付与	4・8 ステーガー 総戦命令第三八号によって、兵站補給局長補佐兼連邦領内全土の電信線路の軍務総監を拝命
2・6 ヘンリー要塞攻防戦 USA軍勝利	6・不詳 リンカーン 電信本部で奴隷解放予備宣言草稿を密かに作成
2・16 ドネルソン要塞攻防戦 USA軍勝利	6・27 七日間戦争のゲインズミル会戦でUSMTCs隊員J・H・バンネルがマックリーラン司令部に「至急救援要請」を打電
3・17 ポトマック流域軍司令官マックリーラン 半島作戦に着手	8・6 マイヤー 部隊の移動にあわせて電信線を架設していく移動電信馬車団の編成をスタントンに提案
4・6 シャイロー会戦 USA軍勝利	12・3 ポトマック流域軍配属のUSMTCs隊員五〇名がステーガーに待遇改善を求める嘆願書を提出
5・8 シェナンドア渓谷作戦 CSA軍がUSA軍を翻弄	
6・25 七日間戦争 リッチモンド攻防戦	
7・22 リンカーン 奴隷解放予備宣言草案を閣議に提出	
8・29 第二次ブルラン会戦 CSA軍勝利	
9・17 アンティータム会戦 USA軍が勝利	
9・22 リンカーン 奴隷解放予備宣言を布告	
11・5 リンカーン マックリーランを解任	
12・13 フレデリックスバーグ会戦 CSA軍勝利	

一八六三	1・1 リンカーン 奴隷解放最終布告を発布 3・3 USA 徴兵法成立 4・2 CSA首都リッチモンドで食糧暴動発生 5・2 チャンセラーズヴィル会戦 CSA軍勝利 7・1 ゲティスバーグ会戦 USA軍勝利 7・4 ヴィックスバーグ陥落 USA軍ミシシッピ全流域を支配 11・24 チャタヌーガ会戦 USA軍テネシー全流域を支配	7・1 ゲティスバーグ会戦直前 軍用電信網がCSA軍の隠密行動をUSA軍司令部に打電 10・27 ステーガー スタントンに『望ましい軍用電信システムの在り方』という要求書を提出 11・10 スタントン 特別命令第四九九号を発し「マイヤー大佐をUSSCsの運営に責任を持つ合衆国陸軍通信将校から解任し、野戦用の磁石式電信機材と馬車団の全てをUSMTCs支配人ステーガー大佐に引き渡す」という措置実施⇓USMTCsがUSA軍の情報通信網を完全掌握 12・不詳 USMTCs隊員がCSA軍務長官の暗号電文二件を傍受 ニューヨークシティに潜伏するCSA諜報員やその協力者逮捕、武器・弾薬の密輸船団を拿捕
一八六四	3・9 リンカーン グラント少将を陸軍総司令官に任命 5・5 樹海会戦 東部戦線でグラント対リーの攻防開始 5・7 USA西部方面軍 ジョージア州に侵攻	6・不詳 電信本部↕シティポイント総司令部↕各方面軍をむすぶ野戦・軍用電信網の機能と効率性が飛躍的に向上 6・27 ケネソー山会戦でUSMTCsの電信網がUSA軍の決定的壊滅を阻止

年	南北戦争	USMTCs
	6・15 ピーターズバーグ攻防戦開始 USA軍長期塹壕戦に突入 6・27 ケネソー山会戦 USA軍撤退 7・9〜11 J・アーリー率いるCSA軍 ワシントンを奇襲 7・17 CSA大統領J・デーヴィス 西部方面軍司令官J・E・ジョンストンを解任 J・B・フッドを新司令官に任命 9・2 USA西部方面軍 CSA中心地アトランタ占領 11・8 リンカーン 大統領に再選 11・16 USA西部方面軍 アトランタから「海への進撃」開始 12・22 USA西部方面軍 サヴァナ占領	12・22 シャーマン リンカーンに「クリスマス・プレゼントとしてサヴァナ贈呈」と打電
一八六五	1・15 フィッシャー要塞陥落 1・31 下院 奴隷制廃止の憲法修正決議案を可決 修正第一三条批准を各州に要請 2・1 USA西部方面軍 カロライナ攻略にむけてサヴァナを進発 2・3 リンカーン スワードとともにCSA密使団と和平交渉⇒不成立	3・25 ステッドマン要塞攻防戦でUSMTCsの電信網がUSA軍右翼崩壊を阻止 4・3 「リッチモンド陥落」の電文 電信本部に到着 4・15 電信本部より各方面軍司令官宛てにリンカーン暗殺犯逮捕命令打電

	4・2 ピーターズバーグからCSA軍撤退 首都リッチモンド放棄 4・9 CSA軍総司令官リー アポマトックスでUSA軍に降伏 南北戦争終結 4・14 リンカーン フォード劇場でJ・W・ブースによって狙撃され翌朝死亡 4・26 追跡部隊 ブースを射殺 12・18 憲法修正第一三条発効	6・20 軍務省 全ての暗号電文コード帳の破棄を指令
一八六六		4・1 WUTCがATCとユナイテッド・スティーツ電信会社を統合 電信業界を独占 7・28 連邦議会 USSCsを陸軍唯一の情報通信担当組織として承認⇒USSCsがUSMTCsを吸収 8・1 電信本部 USMTCs隊員ベイツ、ティンカー、チャンドラーを表彰⇒USMTCs解散
一八九七		1・26 上院法案第三一九号『戦時に奉仕した電信士の救済法』が可決

〈著者紹介〉

松田　裕之（まつだ　ひろゆき）

昭和33(1958)年3月24日大阪市生。
神戸学院大学経営学部教授。ヒストリーライター。博士[商学]関西大学。
本務校で経営管理総論・労務管理論を講じながら、情報通信史や
開港地の実業史に関する著書を執筆。

代表作：
『ATT 労務管理史論 ―「近代化」の事例研究 ―』(ミネルヴァ書房)
『電話時代を拓いた女たち ― 交換手(オペレーター)のアメリカ史 ―』
『明治電信電話(テレコム)ものがたり ― 情報通信社会の《原風景》―』
『通信技手の歩いた近代』
『モールス電信士のアメリカ史 ― IT 時代を拓いた技術者たち ―』
『高島嘉右衛門 ― 横浜政商の実業史 ―』(以上、日本経済評論社)
『ドレスを着た電信士マ・カイリー』
『格差・貧困・無縁がきた道 ― 米ベストセラー『ジャングル』への旅 ―』
『草莽の湊　神戸に名を刻んだ加納宗七伝』(以上、朱鳥社)
『港都神戸を造った男 ―《怪商》関戸由義の生涯 ―』(風詠社)
『物語　経営と労働のアメリカ史 ― 攻防の 1 世紀を読む ―』(現代図書)
『ポケット図解　マックス・ウェーバーの経済史がよくわかる本』
(秀和システム)

連邦陸軍電信隊の
南北戦争
― ITが救った
アメリカの危機―

定価（本体 1700円+税）

2018年 4月 18日初版第1刷印刷
2018年 4月 24日初版第1刷発行
著　者　松田裕之
発行者　百瀬精一
発行所　鳥影社(www.choeisha.com)
〒160-0023 東京都新宿区西新宿3-5-12トーカン新宿7F
電話 03(5948)6470, FAX 03(5948)6471
〒392-0012 長野県諏訪市四賀 229-1(本社・編集室)
電話 0266(53)2903, FAX 0266(58)6771
印刷・製本　モリモト印刷・高地製本

ISBN978-4-86265-671-1 C0022

乱丁・落丁はお取り替えします。

索　引

ーアー

索　引

－カ－

ーサー

―タ―

－ナ－

－ハ－

ーマー

ーヤー

ーラー

－ワ－

－アルファベット－

参考文献一覧

【英　文】

◇著書／政府刊行物

・*A Manual of Signals for the use of Signal Officers in the Field*〔1864〕Government Printing Office.

・an English Combatant〔1864〕*Battle-fields of the South, from Bull Run to Fredericksburg : with sketches of confederate commanders, and gossip of the camps*, J.Bradburn.

・Western Union Telegraph Company〔1866〕*The Western Union Telegraph Company, rules, regulations, and instructions for the information and guidance of employes of this company and not intended as an advertisement nor for the information of the public, the company reserving the right to change them at their pleasure*, Sanford & Hayward.

・Plum ,William R〔1882〕*The Military Telegraph during the Civil War in the United States*, Vol.1 & Vol.2, Jansen, McClurg & Company.

・Reid, James〔1886〕*The Telegraph in American and Morse Memorial,* Johns Polhemus Publishers.

・McClellan, George Brinton〔1887〕*McClellan's own story : the war for the Union, the soldiers who fought it, the civilians who directed it and his relations to it and to them*, C.L.Webster & Co.

・U. S. Senate〔April 7, 1904〕*Relief of Telegraph Operators who*

served in War of Rebellion, Report No. 1927.

- Bates, David Homer〔1907〕*Lincoln in the Telegraph Office : Recollections of the United States Military Telegraph Corps during the Civil War,* The Century Company.
- Thompson, Robert〔1947〕*Wiring a Continent : The History of the Telegraph Industry in the United States, 1832-1866*, Princeton University Press.
- Ulriksson, Vidkunn〔1953〕*The Telegraphers : Their Craft and their Unions,* Public Affairs Press.
- Gabler, Edwin〔1988〕*The American Telegrapher : A Social History, 1860-1900*, Rutgers University Press.
- Coe, Lewis〔1993〕*The Telegraph*：*A History of Morse's Invention and Its Predecessors in the United States,* McFarland & Company, Inc., Publishers.
- Jepsen, Thomas〔2000〕*My Sisters Telegraphic : Women in the Telegraph Office 1846-1950*, Ohio University Press.
- Markle, Donald E〔2003〕*The Telegraph Goes to War : The Personal Diary of David Homer Bates, Lincoln's Telegraph Operator*, Edmonton Publishing, Inc.
- Pinsker, Matthew〔2003〕*Lincoln's Sanctuary : Abraham Lincoln and the Soldiers' Home*, Oxford University Press.
- Wright, John D〔2006〕*The Oxford Dictionary of Civil War Quotations,* Oxford University Press.
- Wheeler, Tom〔2006〕, *MR. Lincoln's T-Mails : The Untold Story of how Abraham Lincoln used the Telegraph to Win the Civil War,* Harper Collins.

・Figley, Marty Rhodes〔2011〕*President Lincoln, Willie Kettles, and The Telegraph Machine*, Lerner Classroom.
・Wolff, Joshua D〔2013〕*Western Union and the creation of the American corporate order, 1845-1893*, Cambridge University Press.
・Hochfelder, David〔2013〕*The Telegraph in America, 1832-1920,* Johns Hopkins University Press.

◇論文／雑誌・新聞掲載記事

・"GEN. ANSON STAGER"〔March 27, 1885〕*Omaha Daily Bee*.
・"GEN. ANSON STAGER DEAD Brief Sketch of a Busy and Successful Career",〔March 27, 1885〕*The Rock Island Argus*.
・McClellan, George B〔May, 1885〕"The Peninsular Campaign", *The Century, 30-1*.
・McClellan, George B〔May, 1886〕"From the Peninsular to Antietam", *The Century, 32-1*.
・Kennedy, J..H〔July, 1886〕"General Anson Stager", *Magazine of Western History, Vol. V- No.3*.
・Fuller, W.G〔1888〕"The Corps of the Telegraphers under General Anson Stager during the War of Rebellion", *Sketches of War History 1861-1865 Papers Read Before Ohio Commandery of the Military Order of the Loyal Legion of the United States 1886-1888*, Vol. II, Robert Clarke & Co.
・Sherman, William T〔February, 1888〕"The Grand Strategy of the War of the Rebellion", *The Century, 35-4*.
・O'Brien , John Emmet〔September, 1889〕"Telegraphing in Battle", *The Century, 38-5*.

・Porter, Horace〔November, 1896〕“Campaigning with Grant”, *The Century, 53-1*.

【翻　訳】

・ビアス作／西川正身訳〔1955年〕『いのちの半ばに』岩波文庫
・高木八尺・斎藤光訳〔1957年〕『リンカーン演説集』岩波文庫
・アンドリュー・カーネギー著／坂西志保訳〔1967年〕『鉄鋼王カーネギー自伝――事業家を志す人々のために』角川書店
・ウォルト・ホイットマン著／杉木喬訳〔1967年〕『ホイットマン自選日記（上）』岩波文庫
・ニーチェ著／手塚富雄訳〔1973年〕『ツァラトゥストラ』中公文庫
・パスカル著／前田陽一・由木康訳〔1973年〕『パンセ』中公文庫
・ヴォルフガング・シヴェルブシュ著／加藤二郎訳〔1982年〕『鉄道旅行の歴史　19世紀における空間と時間の工業化』法政大学出版局
・クラウゼヴィッツ著／清水多吉訳〔2001年〕『戦争論（上）（下）』中公文庫
・B・I・ワイリー著／三浦進訳〔1976年〕『南北戦争の歴史』南雲堂
・アルフレッド・D・チャンドラー・ジュニア著／鳥羽欽一郎・小林袈裟治訳〔1979年〕『経営者の時代――アメリカ産業における近代企業の成立――上巻』東洋経済新報社
・ジェームス・M・バーダマン著／森本豊富訳〔1995年〕『アメリカ南部　大国の内なる異郷』講談社現代新書
・メアリー・ベス・ノートン他著／上杉忍・高橋裕子他訳〔1996年〕『南北戦争から20世紀へ』アメリカの歴史③三省堂

・サムエル・モリソン著／西川正身訳〔1997年〕『アメリカの歴史③（ヴァン・ビューレンの時代—南北戦争）1837-1865年』集英社
・エドマンド・ウィルソン著／中村紘一訳〔1998年〕『愛国の血糊——南北戦争の記録とアメリカの精神——』研究社
・ニッコロ・マキァヴェッリ著／池田廉・沢井繁男・服部文彦訳〔1998年〕『マキァヴェッリ全集 1』（君主論　戦争の技術　カストルッチョ・カストラカーニ伝）筑摩書房
・フィリップ・キャッチャー著／ロン・ボルスタッド彩色画／斎藤元彦訳〔2001年〕『南北戦争の北軍　青き精鋭たち』新紀元社
・フィリップ・キャッチャー著／ロン・ボルスタッド彩色画／斎藤元彦訳〔2001年〕『南北戦争の南軍　灰色の勇者たち』新紀元社
・クレイグ・L・シモンズ著／友清理士訳〔2002年〕『南北戦争　49の作戦図で読む詳細戦記』学習研究社
・ジェイムズ・L・スワンソン著／富永和子訳〔2006年〕『マンハント　リンカーン暗殺犯を追った12日間』早川書房
・R・G・グラント編著／樺山紘一監修〔2008年〕『戦争の世界史大図鑑』河出書房新社
・ケネス・J・ヘイガン＆イアン・J・ビッカートン著／高田馨里訳〔2010年〕『アメリカと戦争 1775-2007「意図せざる結果」の歴史』大月書店
・ブルース・キャットン著／益田育彦訳・中島順監訳〔2011年〕『南北戦争記』バベルプレス
・ドリス・カーンズ・グッドウィン著／平岡緑訳〔2013年〕『リンカーン』上「大統領選」・中「南北戦争」・下「奴隷解放」中公文庫
・ウィリアム・H・マクニール著／高橋均訳〔2014年〕『戦争の世界史（下）—— 技術と軍隊と社会』中央公論新社

参考文献一覧

・マーガレット・ミッチェル著／荒このみ訳〔2015年〕『風と共に去りぬ』(3)(4)　岩波文庫

・クレメント・イートン著／益田青彦訳〔2016年〕『アメリカ南部連合史』文芸社

【邦　文】

◇著　書

・伊藤政之助〔1940年〕『戦争史　西洋最近篇』第5篇「米国南北戦争」戦争史刊行会

・山岸義夫〔1972年〕『南北戦争』近藤出版社

・小澤治郎〔1991年〕『アメリカ鉄道業の生成』ミネルヴァ書房

・小澤治郎〔1992年〕『アメリカ鉄道業の展開』ミネルヴァ書房

・塩野七生〔1992年〕『マキアヴェッリ語録』新潮文庫

・久田俊夫〔1998年〕『ピンカートン探偵社の謎』中公文庫

・大井浩二〔2005年〕『アメリカのジャンヌ・ダルクたち――南北戦争とジェンダー――』英宝社ブックレット

・吉田一彦・友清理士〔2006年〕『暗号事典』研究社

・内田義雄〔2007年〕『戦争指揮官リンカーン　アメリカ大統領の戦争』文春新書

・高橋和之編〔2007年〕『新版　世界憲法集』岩波文庫

・松田裕之〔2011年〕『モールス電信士のアメリカ史――IT時代を拓いた技術者たち――』日本経済評論社

・中村甚五郎〔2011年〕『アメリカ史「読む」年表事典②　19世紀』原書房

・金子常規〔2013 年〕『兵器と戦術の世界史』中公文庫
・布施将夫〔2014 年〕『補給戦と合衆国』松籟社
・長田順行〔2017 年〕『暗号大全　原理とその世界』講談社学術文庫

◇論文・ノート・資料・書評

・「[総力特集] 南北戦争 THE CIVIL WAR の全貌」〔1996 年 8 月〕『歴史群像』第 5 巻第 4 号ムック
・松田裕之〔2006 年 9 月〕「アメリカ合衆国における女性電信士の誕生──南北戦争をはさんで：1850 ～ 1890 年──」『アメリカ経済史研究』第 5 号
・松田裕之〔2006 年〕「南北戦争における軍用電信網の役割──連邦陸軍電信隊始末──」『甲子園大学紀要』第 34 号
・松田裕之〔2007 年〕「モールス電信士の宇宙：アメリカ合衆国、1846 ～ 1907 年──情報通信労働の創成史──」『甲子園大学紀要』第 35 号
・松田裕之〔2007 年 9 月〕「書評　Tom Wheeler , MR. Lincoln's T-Mails : The Untold Story of how Abraham Lincoln used the Telegraph to Win the Civil War」『アメリカ経済史研究』第 6 号
・松田裕之〔2008 年〕「アメリカにおける電信士の社会史──情報通信労働の生成をめぐって──」『情報通信学会誌』第 85 号
・特集「よみがえる南北戦争」〔2012 年 5 月〕『NATIONAL GEOGRAPHIC 日本版』（第 18 巻第 5 号）日経ナショナル・ジオグラフィック社

【 映像作品 】

・エドワード・ズウィック監督／フレディ・フィールズ製作〔1989 年〕『グローリー』トライスター映画配給
・スティーブン・スピルバーグ監督／スティーブン・スピルバーグ・キャスリーン・ケネディ製作〔2012 年〕『リンカーン』ドリームワークス／20 世紀フォックス配給

図版出典一覧

The Library of Congress〔Prints and Photographs〕Civil War

図版1　エイブラハム・リンカーン

図版2　ウィリアム・スワード

図版3　ウィンフィールド・スコット

図版4　ロバート・E・リー

図版5　サイモン・キャメロン

図版6　ジョージ・B・マックリーラン

図版7　ユリシーズ・グラント

図版8　ウィリアム・シャーマン

図版14　ジョージタウン駐屯地の陸軍信号隊（国旗右側の平服がアルバート・マイヤー）

図版17　エドウィン・スタントン

図版18　ビアズリー電信機の操作

図版27　USMTCs と USMTCCs の輜重車団

図版28　電信機材を搭載した輜重車

図版30　USMTCCs による建柱作業

図版36　ヴァージニア戦線で野営する USMTCs 隊員たち

図版38　アラン・ピンカートン（左）とリンカーン（右）

図版43　「海への進撃」における破壊行為

図版44　USSCs の活躍（左：エルク山の信号櫓／右：ラピダン川付近の偵察）

図版45　フォード劇場ボックス席

図版46　暗殺犯ウィルクス・ブース

Bates, David Homer〔1907〕*Lincoln in the Telegraph Office : Recollections of the United States Military Telegraph Corps during the Civil War,* The Century Company.

図版 9　トーマス・スコット
図版 10　アンドルー・カーネギー
図版 11　招聘された電信士（起立中央サミュエル・ブラウン、着席左からデヴィッド・ストローズ、デヴィッド・ベイツ、リチャード・オブライエン）
図版 13　アンソン・ステーガー
図版 15　エドワード・サンフォード
図版 16　トーマス・エッカート
図版 19　ワシントンの USA 軍務省庁
図版 20　軍務省電信本部
図版 25　暗号電文用コード帳
図版 39　電信本部で奴隷解放予備草案を執筆するリンカーン
図版 48　再会した旧 USMTCs 隊員（左よりトーマス・エッカート、チャールズ・ティンカー、デヴィッド・ベイツ、アルバート・チャンドラー）

O'Brien , John Emmet〔September, 1889〕"Telegraphing in Battle", *The Century*, 38-5.

図版 26　グラント（中央）とベックウィズ（右端）
図版 29　騾馬による電信線の引き延べ
図版 31　電信線の修理
図版 32　襲撃に遭った補修班員

図版 40（右） 行軍中の交信

Jepsen, Thomas〔2000〕*My Sisters Telegraphic : Women in the Telegraph Office 1846-1950*, Ohio University Press.
図版 33 エリザベス・コッグレイ

Sons of Union Veterans the Civil War
図版 34 ルイーザ・ヴォルカー

Thompson, Robert〔1947〕*Wiring a Continent : The History of the Telegraph Industry in the United States, 1832-1866,* Princeton University Press.
図版 35 携帯型受信機（上）による敵方電文の傍受（中／下）

Plum ,William R〔1882〕*The Military Telegraph during the Civil War in the United States*, Vol.1 & Vol.2, Jansen, McCurg & Company.
図版 40（左） 夜間の交信

Porter, Horace〔November 1896〕“Campaining with Grant”, *The Century*, 53-1.
図版 42 樹海地帯のグラント軍総司令部（中央切株に坐すグラント）

Swanson, James & Weinberg, Daniel R〔2001〕*Lincoln’s Assassins : Their Trial and Execution*, Arena Editions .
図版 47 ブースにつきまとうリンカーンの亡霊

USMTCs 隊員名簿

Plum ,William R〔1882〕*The Military Telegraph during the Civil War in the United States*, Vol.2, Jansen, McCurg & Company より転載。

※イタリック体は死去の報告があった者〈1882 年当時〉。
ただし、カーネギー管轄時代の死亡者は含まれていない。

A.

Abrams, H. H.
Adams, Milton.
Alexander, E. P.
Allen, J.
Allen, James M.
Allen, Hudson J.
Allen, J. H.
Allen, John C.
Allen, Thomas.
Allen, W. E.
Allen, W. F.
Allis, Geo. B.
Allyn, John.
Altermeyer, Wm F.
Anderson, Joseph.
Anderson, Wm. C.
Andrews, M. S.
Aplin, A. N.
Applebaugh, W. K.
Armes, W. J.
Armor, Thos.
Armstrong, Ewing L.
Armstrong, S. T.
Ashley, W. N.
Ashley, G. W.
Atwell, Jos. W.
Atwater, E. W.
Atwater, H. H.
Atwater, Wm.
Aughinbaugh, D. C.

B.

Bacon, Duncan T.
Baker, A. L.
Baker, C. H.
Baker, Robert A.
Baker, Wm. H.
Baldwin, A. J.
Baldwin, C. P.
Baldwin, G. Wrisley.
Baldwin, M. C.
Bancroft, Wm. A.
Barnes, Cassius M.
Barrett, Clinton S.
Barron, W. C.
Barry, J. B.
Barth, M. H.
Barth, Samuel.
Bassett, F. H.
Bassett, Milton H.
Bassett, W. F.
Bates, Ed. E.
Bates, D. Homer.
Bauer, W. H.
Baxter, G. W.
Bay, J. W.
Bay, Wm.
Beal R. J.
Beaumont, Henry P.
Bear, Jacob K.
Beck, G. H.
Beckwith, Samuel H.
Bell, Geo. W.
Beman, C. D.
Bender, R. W.
Benedict, C. H.
Benner, F.
Benner, R. M.
Bennett, W. R.
Besanson, Chas. W.
Benson, F. N.
Bentley, Jas. N.
Benton, H. W.
Berry, C.
Berry, D. T.
Berry, H. B
Berryhill, Thos. R.
Bickford, F. T.
Biggert, W. L.
Bigger, Samuel S.
Bishop, H. H.
Blackburn, Robert.
Blades, L. J.
Blair, J.
Blawcan, G.
Bliestine, G. W.
Blish, Jr., Joseph.
Bliss, A. H.
Bliss, J. E.
Bliven, C. E.
Bliven, R. H.
Bodell, Wm. J.
Bogardus, Henry A.
Bohle, Rudolph H.
Booth, M. K.
Booth, O. H.
Bort, C. F.
Bosquet, A. J.
Bowers, J. W.
Bowers, Philip.
Bowen, James H.
Bowerman, Henry.
Boyle, E. C.
Boyd James W.
Bradnack, Fowler.
Bracken, John H.
Brannon, Clark.
Brenaman, A. T.
Brice, N. D.
Brigham, R. H.
Briggs, Henry G.
Britney, W. H.
Brooks, J. N.
Bromell, W. H.
Bromley, O. B.
Bross, H. L.
Brown, C. I.
Brown, Edgar H.
Brown, E. O.
Brown, Edw. B.
Brown, G. H.
Brown, H. R.
Brown, J. A.
Brown, J. K.
Brown, N. H.
Brown, Samuel M.
Brown, R.
Bruner Philip.
Brush, Samuel T.
Brush George M.
Bruch, Adam.
Bruton, J. G.
Bryant, E. R.
Bryant D. N.
Bryant, James.
Bryan, N. M.
Buck, Chester H.
Buck, Ed. A.
Bucklin, W. B.
Buehler, Richard E.
Buell, Henry C.
Buell, M. V. B.
Bull, H. P.
Bunnell, Jesse H.
Burhans, W. W.
Burnapp, G.
Burnett, Brace M
Burnett, Dug.
Burnett, G. A.
Burnette, L. F.
Burns, Silas C.
Burr, Platt.
Bush, Alonzo.
Bush, Charles.
Bush, Frank.
Bushnell, Daniel W.
Butler, C. D.
Butler, Edwin D.
Butler, Edw. F.
Butler, Emmet J.
Burucker, J. L.
Byington, Dwight.
Byrne, John H.
Byrns, I. Oliver.

C.

Caldwell, A. H.
Caldwell, James C.
Camp, Samuel P.
Camp, George H.
Campbell, W. J.
Campbell, F. H.
Campbell, Wm. L.
Carey, Samuel.
Carhart, C. B.
Carroll, Alfred W.
Carver, John W.
Caruthers, Geo. F.
Case, Hardin.
Cassell, John A.
Chaddock, Wm. H.
Chamberlain, A. R.
Chandler, Albert B.
Chandler, Chas. E.
Chandler, Jos. W.
Chapman, E. T.
Chapman, W. S.
Chapman, Harry.
Chapman, G. H.
Chappell, Scott R.
Chase, C. R.
Cheeney, Oscar F.
Cherry, J. L.
Childs, Albert. F.
Childs, M. J.
Chittenden, John H.
Clapp, R.
Clark, J. B.
Clark, J. E.
Clark, J. R.
Clark, T. B.
Clarke, F. S.
Clarke, H. K.
Clowry, Robt. C.
Cochrane, A. P.
Cochrane, S. D.
Cogan, L.
Congdon, J. DeWitt.
Cogley, E. W.
Cole, Eli.
Cole, Geo.
Collins, W. H.
Collings, Jos. W.
Colstock, Daniel.
Connor, Chas. O.
Conway, Ed.
Cook, F. C.
Cornelison, John R.
Cotton, J. S.
Covell, S. J.
Cowan, H. W.
Cowlan, Geo. B.

Cox, R. Emmet.
Couls, Dwight.
Craig, Archibald.
Craig, Hugh.
Crain, Geo. H.
Crain, Mark D.
Crittenden, J. N.
Cromwell, Geo. E.
Crouse, Jesse W.
Crowe, James N.
Cruise, John D.
Cryan, Thomas.
Cubitt, Jr., Richard S.
Culgan, E. A.
Culbertson, Cam.
Cunningham, R.
Curran, John.
Curtiss, G. H.
Curtiss, J. W.
Curtiss, Leverett E.
Cutter, Henry.

D.

Dameron, Charles B.
Darlington, H. P.
Davin, Thos. A.
Davidson, Thomas.
Davis, C. N.
Davis, C. S.
Davis, F. W.
Davis, Samuel
Davis, Geo. B.
Dealey, Wm. J.
DeBree, N.
Deetz, Geo. M.
DeForrest, C. L.
DeGrove, Wm. M.
Demorest, Ed. H.
Denny, James C.
Dennis, L. B.
DePew, H. S.
DeWitte, Wm. K.
Deslondes, J. M.
Dixon, John R.
Dodge, S. C.
Dolan, Thomas.
Dollard, James.
Dorsey, Benj.
Dorchester, J. C.
Dorrence, O. H.
Dougal, W. H.
Dougherty, Abe D.
Dougherty, Christopher.
Douglass, Charles.
Douglass, James H.
Douglass, Wm. J.
Doughty, Wm. L.
Downey, G. W.
Doyle, P. C.
Drake, Wm. H.
Drew, I. N.
Drummond, Frank.
Duell, John F.
Duesner, Phil.
Duffie, P. A.
Dunn, A. O.
Dunn, Wm. A.
Dunlap, J. R.
Dunning, Jay D.
Durant, Geo. F.
Dwight, J. H.
Dwyer, Chas. E.
Dwyer, Con.
Dyer, Derrick O.
Duxbury J. W.

E.

Eaton, Wm. H.
Eckert, B. F.
Eckman, Wm. H.
Eddy, Charles G.
Edwards, Jno. R.
Edwards, Samuel H.
Egan, John J.
Elphick, David.
Elliott, J. A.
Elliott, Richard H.
Ellison, A.
Ellsworth, Henry L.
Embree, W. N.
Emerick, J. H.
Erringer, T. F.
Evans, T. A.
Everette, Geo. H.

F.

Fancher, Charles I.
Farnham, G. N.
Fawcett, G. E.
Fay, Frank P.
Felton, G. C.
Fenton, Frank A.
Ferris, D. V.
Fish, E. G.
Fish, Harry G.
Fitch, Derrick H.
Fitchett, Hamilton.
Flack, B. W.
Flagg, John A.
Flannagan, J. J.
Flesher, Jr. Thos.
Floersh, Andrew.
Florence, J. C.
Flynn, J. B.
Foley, John.
Foley, Wm.
Follett, R. F.
Folwell, Geo. E.
Fonda, Ten Eyck H.
Forbes, W. W.
Forker, James.
Forrest, J. W.
Forsey, Wm. S.
Forster, Wm.
Foster, J. J.
Fowler, J. J.
Fowler, Peter.
Fowler, Robert S.
Fox, Fred.
Francis, D. T.
Franks, H. D.
Frank John R.
Frank, Wm. H.
Franklin, Ed. A.
Frazey, G. S.
Frazier, P. B.
Freeman, Edwin C.
Freeland, John W.
French, Wm. F.
Frey, J. J. B.
Fuller, Edwin.
Fuller, Joseph A.
Furr, R. A.

G.

Galbraith, Franklin G.
Gallup, George.
Galvin, J. H.
Gamble, J. E.
Gamble, R. E.
Gardner, O. A. A.
Garland, J. G.
Garland, Geo.
Geiger, Jno. M.
Gelpin, W. D.
Gentry, W. D.
Geyer, H. P.
Gibson, Wm.
Gifford, Carl.
Gilbert, Homer W.
Gile, Courtland, H. B.
Gilkerson, Joseph H.
Gilmore, B. F.
Gilmore, James R.
Glasier, Julius M.
Glass, B. B.
Glass, Frank M.
Glasscott, H. H.
Glazier, J. H.
Goalding, Geo. J.
Godfrey, Geo. H.
Gordon, M.
Graham, M. B.
Graham, Richard.
Graham, Wm. N.
Grausby, Wm.
Graves, E. H.
Gregg, Chas. M.
Gregg, Henry L.
Gregg, John C.
Gregg, J. W.
Gregory, G. M. D.
Green, E. C.
Green, C. M.
Griffin, Alonzo D.
Griffin, Robt. B.
Griffin, Stockton L.
Griffith, C. H.
Griswold, H.
Griswold, Martin E.
Grogan, John.
Gross, Wm. L.
Gross, Chas. F.
Gullihur, James K.
Gustin, A. J.
Guthridge, Jules F.

H.

Halin, J. F.
Hall, Edw. A.
Hall, H. H.
Hall, W. O.
Hall, W. H.
Hallum, J. W.
Hambright, C. K.
Hammann, Chas. A.
Hammond, C. D.
Hammond, Chas. W.
Hammond, J.
Hanna, Geo. S.
Hanchett, D.
Hanson, Joseph.
Hanson, Peter.
Hancock, A. G.
Harris, F. C.
Harris, J. B.
Harris, L. M.
Harrison, Jas. S.
Hartman, Wm. H.
Harvey, A. O.
Harvey, T. G.
Hatton, O. C.
Hawkins, A. S.
Hawkins, W. D.
Havens, Paul C.
Hebard, L. I.
Hefferin, John.
Henby, J. E.
Henderson, Geo.
Henderson, H. B.
Henry, C. C.
Hicks, Wm. W.
Hickson, Wm.
Hill, Jacob V.
Hixon, Wm.
Hoge, O. E.
Hodge, Wm.
Hogan, Daniel.
Holbrook, Spencer C.
Holden, A. H.
Holden, H. T.
Holdridge, John C.
Holmes, W. J.
Holloway, Wilbur F.
Holt, Theo.
Holtham, Wm.
Holly, M. Y.
Homan, C. A.
Hoover, R. B.
Horner, John.
Hotchkiss, Z. P.
House, Wm. T.
Howe, K. B.
Howe, G. W.
Howard, Alvin A.
Howard, James A.
Howard, S. D.
Howell, A. W.
Howell, Albert J.
Howell, Richard N.
Howell, Stephen V.
Hruby, Julius M.
Hughes, Alex. M.
Hughes, R. J.
Hull, Henry P.
Hull, A. K. V.
Humphreys, J. M.

Humphreys, R. C.
Hunter, Alex.
Hunter, D. W.
Huntington, Geo. M.
Hutchings, W. S.
Huyck, Maynard A.
Hyne, Joseph W.

I.

Ingram, F. M.
Ingram, Samuel E.
Ingle, John O.
Ives, W. L.

J.

Jacques, C. W.
Jacobs, C. D.
Jameson, Nelson W.
Jenks, Jr., Orrin.
Johns, C. H.
Johnson, Barton H.
Johnson, Benj. F.
Johnson, E. H.
Johnson, C. S.
Johnson, Thos. S.
Johnson, W. F.
Johnson, W. P.
Johnston, C. J.
Jones, A. C.
Jones, Geo. E.
Jones, H. P.
Jones, J.
Jones, James.
Jones, James H.
Jones, L. A.
Jolis, J.
Joyce, J. T.
Joyce, Morris.

K.

Kanode, A. H.
Kay, Geo. T.
Keefer, Chas. A.
Keith, J. S.
Kelsey, Wm. H.
Kelley, Seymour J.
Kendrick, Geo. W.
Kent, Douglass.
Kerner, M. H.
Kettles, Wm. E.
Kimber, S. P.
King, W. A.
Kingsbury, Fred. W.
Kinnaman, J. J.
Kinnaman, O. H.
Kinney, Ed.
Kirkman, M. G.
Kirby, J. S.
Kirtland, D. P.
Klunk, James P.
Knapp, Allen C.
Knapp, Seeley B.
Knight, F. B.
Knittle, Joseph.
Knox, Claude M.
Knox, J. W.
Korty, Louis H.
Kress, Wm. B.
Krum, M. H.
Kuhn, Rufus.
Kunkle, H. B.

L.

LaBonte, J.
Laird, Thos. A.
Lamb, Charles.
Lamb, Frank H.
Lancaster, W. H. H.
Lancy, S. H.
Langhorne, A. T.
Lantz, J.
Lathrop, D. B.
Lathrop, J. P.
Lawler, Edward.
Lawrence, F. A.
Lawrence, G. J.
Lawrence, G. T.
Lavin, Mike C.
Laverty, Robt. C.
Lea, Samuel.
Lehr, Charles.
Lennox, G. P.
Lessell, Ernest.
Lewis, A. C.
Lewis, E. A.
Lewis, Richard T.
Lewis, W. S.
Lindauer, A. C.
Lindley, W. T.
Lines, Henry F.
Lines, Robert B.
Livergood, W. W.
Livingston, E. M.
Livsey, B.
Lithgow, C. H.
Lithgow, Hector.
Lock, John M.
Logue, W. S.
Long, F. C.
Lonergan, John.
Loomis, Richard.
Loomis, Robt. C.
Loucks, T. N.
Lounsberry, Chas. H.
Low, Geo. A.
Low, James.
Ludwig, Danl. J.
Ludwig, John F.
Lynch, S. G.
Lyle, J. S.

M.

MacIntosh, William.
MacKenzie, J. W.
McCaine, R. R.
McCarty, D.
McConnell, C. C.
McClure, James.
McClure, William.
McCleverty, Joseph D.
McCormick, John.
McCoy, Mortimer A.
McCoy, S. G.
McCutcheon, J.
McDill, Edgar B.
McDonald, S.
McDonald, W. J.
McGaughey, D. C.
McGintey, E. H.
McGintey, T. J.
McGintey, W. T.
McGuire, T.
McIlvaine, James F.
McIlvaine, J. P.
McInnes, W. N.
McKelvey, A. T.
McKenna, Edwd.
McKenna, J. A. L.
McLean, Natl.
McMillen, James.
McMichael, Isaac.
McMurray, Alex. K.
McMurtrie, B.
McMullen, John W.
McNairn, Edgar B.
McNeil, James.
McReynolds, C. W.
Maiden, William P.
Magehan, Wm. H.
Maguire, James D.
Magonigle, S. R.
Maize, Isaiah D.
Manley, John C.
Mapes, H. R.
Marean, Anne M.
Marean, Wm. H.
Martin, Philip.
Martin, Robt. W.
Martyn, D. E.
Martin, Henry S.
Mason, D.
Mason, E. W.
Mason, John Q.
Mason, W. S.
Mason, W. T.
Mathews, Chas. B.
Matthews, John
Matlock, H. H.
Matlocks, R. M.
May, Marion.
Maynard, George C.
Maynard, Wm. S.
Meagher, James.
Meehan, John H.
Meehan, W. F. D.
Meldrum, W. W.
Merkley, Wm. H.
Merrick, E. D.
Miller, Frank.
Miller, F. B. G.
Miller, Wm.
Miller, Wm. H.
Minnehan, G. C.
Mixer, C. H.
Moloney, Patrick.
Moltz, John J.
Montanye, C. D.
Montalvo, Wm. W.
Moore, C. W.
Moore, J. F.
Morcalla, Stephen.
Morgan, John.
Morgan, John B.
Morlock, W. H.
Morris, Absolom M.
Morris, Charles.
Morris, James C.
Morrison, Thomas.
Mullarkey M.
Mullarkey, Patrick.
Mulligan, J. J.
Munro, W. H.
Munson, J. A.
Murdock, Charles C.
Murphy, J. J.
Murphy, Robert.
Murray, Daniel.
Murray, James A.
Murray, P. J.

N.

Nail, Geo. W.
Nagle, J. E.
Nappin, A.
Nash, F. A.
Nash, W. H.
Neff, G. W.
Nelson, W. B.
Nesbitt, Joseph G.
Newell, James.
Newton, Ed. C.
Newton, O. K.
Nichols, A. M.
Nichols, J. Hervey.
Nichols, Horace W.
Nicholson, John.
Nohe, A. W.
Nolen, Eugene.
Norman, Alfred T.
Norris, J. B.
Northrup, C. C.
Norton, G. N.
Noxon, S. M.
Nunan, P. H.
Nye, J. M.

O.

Oakes, T. F.
O'Brien, John E.
O'Brien, Richard.
Olmstead, John Q.
O'Neil, Algernon W.
O'*Neil John.*
O'Neil, Wm. C.
O'Neill, John L.
O'Reiley, Luke.
O'Ryan, Michael W.
Orton, A. W.
Orvis, John.

P.

Painter, J. I.
Painter, L. M,
Paisley, S. T,
Palmer, Mrs.
Pardridge, Albert J.
Park, John B.
Parker, Leander D.
Parsons, James K.

Parsons, John B.
Parsons, J. W.
Parsons, Wayne H.
Patterson, Wm.
Paxson, Charles A.
Paxson, Oscar W.
Payne, Charles S.
Payne, W. N.
Peabody, S. P.
Pearson, W. S.
Peck, G. H.
Peck, Rufus L.
Peel, Edwin.
Peebles, Benj. H.
Peeler, Thomas M.
Peirce, Geo. C.
Penn, George R.
Perdue, Ford.
Peterson, J. H.
Pettit, James E.
Phelps, H. W.
Phelps, R.
Phillips, Chas.
Phillips, C. C.
Pidgeon, G. S.
Pierce, J. B.
Pierson, C. W.
Pitcairn, W. W.
Pitfield, J. W.
Pitton, James.
Platt, G. W.
Platt, John T.
Plum, Henry W.
Plum, Wm. R.
Pond, C. H.
Porter, J. K.
Power, Jr. R.
Powers, James.
Pratt, W. H.
Pritchard, A. P
Pritchard, Charles M.
Printz, Geo. W.
Purcell, Patk. J. A.
Purdon, George.
Purdy, Geo. A.
Purnell, J. W
Pyle, Henry P.

Q.

Quan, P. F.
Quate, James L.
Quinn, T. M.

R.

Rabbeth, J. T.
Railton, Geo.
Rand, D. E.
Ransford, Jr., H.
Rawlins, Thos. E.
Raymond, John H.
Reaser, Robt.
Reeves, James.
Reese, Samuel.
Reddington, Wm. B.
Reid, Douglass.
Reid, W. J.
Reynolds, C. R.
Rice, Geo. H.
Rich, Thos. H.
Richardson, John D.
Riley, J. J. G.
Risdon, Samuel L.
Roby, B. F.
Roberts, Samuel B.
Roberts, C. R.
Roberts, M. E.
Robinson, Byron L.
Robinson, E. H.
Robinson, Heber C.
Robinson, J. H.
Robinson, Steve L.
Roche, Thos.
Rodgers, T. J.
Rockwell, Eugene.
Rockwell, John W.
Root, Albert G.
Rose, L. A.
Rosewater, E.
Rouser, G. W.
Rowe, Chas. O.
Rowe, R. E. D.
Royce, D. P.
Royce, H. P.
Rugg, J. H.
Rugg, Norman H.
Rumsey, S. B.
Runyan, C. A.
Rupley, S. K.
Ryan, C. J.
Ryan, R. H.
Ryland, John M.

S.

Sabin, John F.
Sackett, H. R.
Safford, A. G.
Salmons, J. P.
Sampson, Thos. M.
Sampson, J. W.
Sandborn, F. A. H.
Sargent, Wm. D.
Sargeant, Stephen.
Schermerhorn, Ed.
Schnell, A. C.
Schnell, Jr., Joseph.
Schnell, T. M.
Scott, E. Alex.
Scott, S. W.
Sears, Joseph L.
Sellers, D. C.
Sellers, Calvin T.
Sewell, C. H.
Seymour, M. T.
Shape, E. M.
Shaffer, —.
Sheldon, Geo. D.
Sheldon, Lemuel F.
Sheldon, Wm. A.
Sheridan John A.
Sherman, Israel A.
Sherman, Thos. H.
Sherman, C. T.
Shock, G. W.
Shock, W. W.
Sholes, Cass G.
Showacre, H. C.
Showerman, I. C.
Shreffler, W. H.
Shrigley, James A.
Shuman, W. A.
Shurr, S. M.
Shutt, R. A.
Sieberg, H.
Sigler, James H.
Simpson, W. H.
Sisson, Wm. H.
Skinner, Ira G.
Sloat, Henry T.
Slocum, W. P.
Smith, A.
Smith, C. B.
Smith, Chas. H.
Smith, Dexter.
Smith, Dewitt Wilmott.
Smith, Day K.
Smith, G. K.
Smith, Hosea.
Smith, H. L.
Smith, Isaac A.
Smith, James A.
Smith, J. W.
Smith, Mary E.
Smith, Richmond.
Smith, R. Hector.
Smith, Samuel H.
Smith, Thos. H.
Smith, T. R.
Smith, Wm. K.
Smithers, H. S.
Snell, Fred. W,
Snow, H. N.
Snyder, A. C.
Snyder, C. L.
Somers, L. A.
Somerville, Wm. B.
Spare, Frank.
Speed, F. M.
Spellman, Chas. H.
Spellman, Geo. E.
Spellman. Lewis B.
Spencer, H. B.
Spencer, W. H,
Spencer, J. M.
Spinner, Wm.
Sponagle, J. L.
Spring, Parker.
Starling, C. C.
Standifer, Geo. W.
Stebbins, C. M.
Stephenson, Saml.
Stewart, Danl. N.
Stewart, Frank.
Stewart, J. B.
Steward, Neal.
Stevens, F. H.
Stevens, J. H.
Stidham, P. A.
Stillman, Geo.
Stone, Ellis W.
Stopp, Robt. M.
Stouder, Henry.
Stough, John B.
Street, C. A.
Strong, G. N.
Strouse, David.
Strothers, C. G.
Strubble, Wm. F.
Stull, Thos. G.
Stumm, F. A.
Sturgeon, Geo.
Sullivan, John C.
Sutherland, Norris.
Sweeney, W. B.
Swift, J. A.

T.

Talbot, Robt. M.
Taylor, C. J.
Taylor, Henry H.
Taylor, W. S.
Talmadge, Geo. J.
Teachout, Ed.
Temple, Henry C.
Terry, G. W.
Thayer, Wm. A.
Thomas, Chas. J.
Thomas, John.
Thompson, J. R.
Thorn, Robt.
Thorp, J. B.
Thropp, C. A.
Thurston, J. D.
Tiffany, J. T.
Tingle, E. C.
Tinker, Chas. A.
Tinker, Wm. A.
Tinney, J. D.
Tinney, Wm. E.
Toby, John G.
Todd, A. W.
Todd, Edgar L.
Tomlinson, D. B.
Tompkins, E. P.
Torrance, J. A.
Torrence, J. C.
Town, A. C.
Townsend G.
Townsend, N. S.
Tracey, Richard H.
Tracey, Simon T.
Trimm, William E.
Truax, Jas. D.
Tull, C. D.
Tupper, J. K.
Turner, Geo.
Tyler, F. B.
Tyler, J. D.
Tyrrill, Augustus.

U.

Ulmer, S. S.
Upham, B. H.

V.

Valentine, H. S.
Van Derhoef, Robt. B.
Van Gelder, Jacob H.
Van Gilder, A. C.
Van Gesel, W. T.
Van Valkenburgh, F. S.
Van Zandt, H. E.

Vernetson, W. E.
Vermilion, J. W.
Vincent, H. C.
Vincent, O. B.
Volker, Rudolph C,
Volker, Louisa E.
Voltz, John D.
Von Eye, Edw.

W.

Wagner, John C.
Wagner, Robt.
Wagstaff, John H.
Wait, E. O.
Waite, J. R.
Wallace, Chas.
Walsh, Anthony R.
Walsh, Jas. W.
Ward, Edward T.
Ward, Joseph C.
Ware, W. F.
Warren, Geo.
Warren, J. H.
Warren, Walter.
Warner, D. W.
Warring, Thos. P.
Washburn, Melancthon, E.
Waterhouse, C. D.
Waterhouse, Edwin J.
Waterhouse, T. Q.
Waterhouse, H. F.
Watts, H. M.
Watts, J. C.
Wayne, —.
Ways, Chas. E.
Webb, J. G.
Weber, C.
Weed, W. W.
Weir, L. C.
Wells, A. B.
Wells, V. H.
Weems, J. D.
Weitbrecht, Robt.
Whelpley, C. L.
Whipple, Hiram E.
Whitford, E. P.
Whitney, Charles.
Whitney, C. O.
Whitney, Leonard.
Whittlenife, Chas. S.
Whittlesey, Chas. S.
Whittlesey, J. B.
Wickard, J. W.
Wicker, Frank N.
Wickham, J. J.
Winder, Alfred.
Wilbur, John F.
Wilcox, Stephen T.
Wilkinson, G. D.
Wilkinson, D. W.
Wilson, Ellis J.
Wilson, G. W.
Wilson, John J.
Wilson, J. W.
Wilson, W. B.
Wilson, W. H.
Wilson, W. T.
Williams, D. A.
Williams, F. D.
Williams, Geo. W.
Williams, J. S.
Williams, R. D.
Winker, George.
Winter, Garrett.
Wintrup, John.
Wise, E. P.
Wolf, Charles.
Wood, William B.
Woodring, W. H.
Woods, H. A.
Woodmansy, J. F.
Woodward, B. F.
Woodward, G. D.
Worden, Wm. M.
Worth, Robt. G.
Wortsman, L. W.
Wright, M. E.

Y.

Yeakle, J. B.
York, C. W.
York, Geo. C.
Younkers, Simon T.
Young, Charles.
Young, W. H.

Z.

Zeublin, J. E.